乳酸基化学品催化合成技术

唐聪明　全学军　李新利　著

化学工业出版社

·北京·

《乳酸基化学品催化合成技术》聚焦于乳酸的催化转化制备化学品方面的研究，其中以生物基乳酸为原料，采用气固催化技术，实现化学品的合成；重点探讨了乳酸脱水反应、乳酸脱羰反应、乳酸脱氧反应以及乳酸缩合反应中催化剂的制备、性能及应用；并通过对催化剂的多种表征以及催化活性数据分析，揭示了催化剂的构效关系。

《乳酸基化学品催化合成技术》介绍的很多内容是重庆理工大学绿色催化课题组的研究成果，反映了该领域的前沿和研究关注的问题。本书内容丰富，素材翔实，可供化工、生物、催化、材料及相关领域从事教学、科研、生产的技术人员参考。

图书在版编目（CIP）数据

乳酸基化学品催化合成技术/唐聪明，全学军，李新利著．—北京：化学工业出版社，2019.1
ISBN 978-7-122-33262-2

Ⅰ.①乳… Ⅱ.①唐…②全…③李… Ⅲ.①高聚物-乳酸-催化-合成化学 Ⅳ.①TQ314.24

中国版本图书馆 CIP 数据核字（2018）第 252523 号

责任编辑：徐雅妮　马泽林　　　　　　　文字编辑：向　东
责任校对：张雨彤　　　　　　　　　　　装帧设计：关　飞

出版发行：化学工业出版社（北京市东城区青年湖南街 13 号　邮政编码 100011）
印　　装：三河市航远印刷有限公司
710mm×1000mm　1/16　印张 12¼　字数 202 千字　2019 年 5 月北京第 1 版第 1 次印刷

购书咨询：010-64518888　　　售后服务：010-64518899
网　　址：http://www.cip.com.cn
凡购买本书，如有缺损质量问题，本社销售中心负责调换。

定　　价：56.00 元

前 言

  随着化石能源大量消耗而日渐枯竭，寻找化石原料的替代物开发化学品的合成日益迫切。生物基原料及其衍生物由于具有可再生性，成为各国科学家关注的焦点。生物基乳酸价廉、易得、可再生，被列为生物基平台分子，成为催化转化合成化学品的重点研究对象。顺应时代呼唤，重庆理工大学绿色催化课题组开展了乳酸催化转化方面的研究工作，主要研究了乳酸催化脱水反应合成丙烯酸、乳酸脱羧反应合成乙醛、乳酸脱氧反应合成丙酸及乳酸缩合反应合成2,3-戊二酮。通过这些工作的开展，获得了催化剂的结构与催化转化活性之间的构效关系，发现了乳酸催化转化的规律性。譬如，乳酸脱水、乳酸脱羧、乳酸缩合反应与催化剂表面的酸碱性有关，通过调节表面的酸碱性，可以有效调控目标产物；乳酸脱氧反应与催化剂的氧化还原性有关，通过调节催化剂表面的氧化还原性质，可实现高效脱氧反应。本书对这些构效关系及规律进行了系统总结，希望对乳酸催化转化研究中高效催化剂构筑及工艺条件优化具有一定的启迪和参考作用。

  本书反映了笔者课题组多年的研究成果。书中第2章乳酸催化脱水反应合成丙烯酸参与编写的有范国策、彭建生、蒲文杰、蒲肖丽等；第3章乳酸脱羧反应合成乙醛参与编写的有彭建生、翟占杰、张瑜、庞均等；第4章乳酸缩合反应合成2,3-戊二酮参与编写的有孙良伟、张瑜、张菊等；第5章乳酸脱氧反应合成丙酸参与编写的有翟占杰、张瑜、庞均等。本书凝聚了课题组的集体智慧和辛勤劳动，特别是得到了全学军教授的精心指导。在此，对本书出版做出贡献的所有同志表示最诚挚的感谢！

  希望本书的出版能够在乳酸催化研究领域起到学术交流和抛砖引玉的作用。由于笔者水平有限，尤其是对一些探索性的问题研究还不够深入、系统，因此书中难免存在一些不足之处，恳请读者批评指正、不吝赐教，以便今后更正。

著者
2019 年 1 月

目 录

第3章
乳酸脱羧反应合成乙醛　/054

第4章
乳酸缩合反应合成 2,3-戊二酮 /118

第 5 章
乳酸脱氧反应合成丙酸 /161

第 1 章

乳酸转化基础

1.1 绿色化学与生物质资源

1.1.1 绿色化学

人们越来越意识到以牺牲环境换取发展来推进人类进步不是可持续发展方式。当前环境污染现状亟待改善，化学工业的未来必然要走绿色化学之路。

绿色化学也称环境友好化学，是化学工艺高度发展和社会对化学科学发展需求的产物。绿色化学以"原子经济性"为基本原则，研究开发高效、高选择性的新反应，寻求化学原料新来源（如生物质原料），探索新的反应条件，设计开发出对环境友好的化学工艺路线，从源头防止化学污染。绿色化学的核心内容主要包括以无毒害或低毒害的溶剂取代高毒害的溶剂（如以水作溶剂等）、以高回收率或易降解的新材料替代传统材料、反应进行程度、新型分离技术、减少或杜绝"三废"（废气、废液、废渣）的产生等。

图 1-1 简要概括了绿色化学的主要内容。

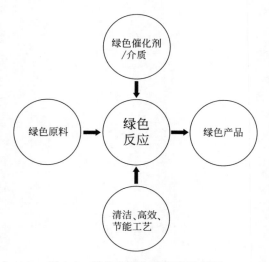

图 1-1　绿色化学主要内容示意图

绿色化学一般在选取原料时就需要选择可再生资源原料或无毒无害原

料。生物质是自然界唯一含碳的可再生资源，以生物质资源为原料大力发展绿色生物制造可从原料源头上降低碳排放。目前，生物质资源转化利用备受关注，生物制造已成为世界各国新一轮科技竞争的战略焦点，全球生物制造产业正处于技术攻坚和商业化应用开拓的关键阶段。中国政府已连续在四个"国家五年规划"中将生物质能利用技术的研究与应用列为重点科技攻关项目。

1.1.2　生物质转化

生物质是指运用大气、水、土壤等经过光合作用而产生的各种有机体，即一切有生命的可以生长的有机物质通称为生物质，其主要特点包括可再生性、低污染性、广泛分布性、资源丰富、碳中性等[1,2]。生物质按照其来源可分为生产型和未利用资源型两大类，生产型生物质包括糖质类、淀粉类、纤维素类、烃类、油脂类和淡水类、海洋类、微生物类；未利用资源型生物质包括农、林、牧、水产类等废弃物和生活类的污泥、垃圾、粪便等。

在生物质利用技术中对发酵法的研究较早，用发酵法生产燃料乙醇、生物乳酸技术成熟，已实现工业化。以发酵法生产乙醇为例，酵母等微生物以可发酵性糖为食物，摄取原料中的养分，通过体内的特定酶系，经过复杂的生化反应进行新陈代谢，所得发酵液中乙醇质量分数为 6%～10%，经精馏得质量分数为 95% 的工业乙醇并副产杂醇油。"十二五"期间，我国生物制造技术不断突破，产业规模持续扩大，主要生物发酵产品年总产值达到3000 亿元以上。

化学转化法是生物质利用的一个重要方法，它从化学工业的角度出发，利用热或催化剂使生物质原料发生反应生成更丰富的产品，使生物质利用具有更为广阔的发展空间。以下是几个生物质化学转化成功案例。荷兰应用技术研究院（TNO）已建成生物质/煤气化费托合成联合发电系统；德国 Choren 公司成功开发了生物质间接液化生产合成柴油，2002 年完成了年产1000t 合成柴油的示范工程的运行，2005 年建成了年产量 1 万吨的工业示范工程；日本的 MHI 完成了生物质气化合成甲醇的系统工程；瑞典的 BioMeetProject 集成生物质气化燃气净化与重整等技术联产电力、二甲醚、甲醇，其系统总体效率达到 42%。

上述发酵法和化学转化法两种生物质利用方法中提及的生产生物甲醇、生物乙醇、生物柴油和生物质发电都是生物质能源的利用。实际上，生物质位居世界第四大能源，其地位仅次于石油、煤炭和天然气。生物质能源中硫含量、氮含量低，燃烧后对大气环境污染小。但目前仅有由糖类发酵产生的生物乙醇和由植物油与小分子醇类酯交换得到的生物柴油已经大规模生产。世界上美国、德国、日本、巴西等近20个国家在大力推广使用乙醇汽油，美国更制定了到2030年实现液体燃料20%来源于生物质的战略目标。中国人口众多，石油、天然气等化石资源的人均占有量远低于世界平均水平，加强生物质燃料的研发对促进经济可持续发展、推进能源转型升级、减轻环境压力等方面都具有积极影响。

除生物质能的利用之外，生物质还可用来合成各种高附加值化学品。如利用淀粉、糖、纤维素、木质素、甲壳素和油脂等原料，生产淀粉基精细化学品、糖基精细化学品、纤维素基精细化学品、木质素基精细化学品、生物质基塑料、甲壳素基衍生物和油脂基精细化学品；或者以已产业化的生物甲醇、生物乙醇、生物乳酸为平台分子积极发展下游系列产品，都将是今后生物质研究的热点课题。更重要的是，如果以生物基乙醇、生物基乳酸等制化学品的路线打通，那么来自化石原料的合成化学品就有可能从生物质原料出发而得到，这对减轻我国的大气污染，促进可持续发展具有十分重要的现实意义[3,4]。另外一个值得关注的地方是，当前社会人们更加注重日常饮食安全问题，希望各种食品添加剂来自更为自然的生物制造，这也加速了生物基化学品的研发进程。

1.2　乳酸生产及其转化

乳酸，又称2-羟基丙酸、α-羟酸，分子式为$C_3H_6O_3$，分子量为90.08，相对密度约为1.206（25℃）。乳酸被广泛认为是一种廉价的、可再生的生物质资源的衍生物。2004年美国能源部发布一份名为"源自生物质的高附加值化学品"报告，首次提出了12种来源于糖类的、用于合成生物质基化学品的平台分子或基础材料。2010年Bozell和Petersen等人在美国能源部报告的基础上，提出了平台化合物的9条标准，重新列出1份平台化合物，包括乳酸、乙醇、呋喃类、甘油、琥珀酸、羟基丙酸/醛、乙酰丙酸、山梨糖醇和木糖醇等。

实际上，以乳酸为平台分子，可以合成丙烯酸[5~9]、乙醛[10~13]、2,3-

戊二酮[14~17]、丙酸[18~21]和可生物降解的聚乳酸等重要化学品，更加明确了生物基乳酸转化利用的研究价值。

1.2.1　乳酸生产概述

乳酸生产方法有化学合成法、酶合成法和发酵法。微生物发酵生产乳酸技术工艺简单、原料充足，是国家重点支持的高新技术，符合国家产业政策和高新技术产业化方向。目前 70% 以上工业乳酸是由发酵法生产，河南金丹是目前国内最大的乳酸生产厂家，2008 年金丹在国内首先实现了细菌法生产 L-乳酸规模化生产，产量达到 10 万吨/a。

这里仅对发酵法生产乳酸做简单介绍。玉米淀粉常作为发酵法制备乳酸的原料，用于发酵生成乳酸的菌种主要有细菌和根霉。传统的钙盐法生产乳酸的发酵工艺为：首先将淀粉糖化，接入筛选的菌种发酵；随着乳酸的不断产生，发酵液的 pH 值不断减小，pH 值小于 5 时产酸受到抑制；为了提高乳酸产率，需要控制发酵液的 pH 值，传统的 pH 值调节是用碳酸钙来中和产生的乳酸，以维持 pH 值在 5.0～5.5；菌种在适合产酸的温度下发酵 3～6d，生成产品为粗乳酸钙的发酵液；分离乳酸钙酸化处理得到乳酸。

中国的乳酸工业和国外发达国家相比还有一定差距，需要筛选生产 L-乳酸选择性更高的菌种满足 L-乳酸日益增加的需求，开发使用纤维素代替淀粉生产乳酸的工艺，以及加强以乳酸为原料的后续产品的开发延伸产业链。

1.2.2　乳酸为平台分子的主要转化路线

乳酸分子中含有一个羟基和一个羧基，化学性质非常活泼，与乳酸相关的反应示意图见图 1-2，主要有乳酸脱水反应合成丙烯酸、乳酸脱羰或脱羧反应合成乙醛、乳酸缩合反应合成 2,3-戊二酮、乳酸脱氧反应合成丙酸、乳酸聚合反应合成聚乳酸等反应类型。以乳酸为平台分子的这几个反应都是比较有价值的转化，但是其过程往往存在多种复杂的副反应，导致目标产物选择性较低。在后续章节中会针对每个反应介绍其研究背景和研究进展，其中又以催化剂的研究进展为主要介绍内容。

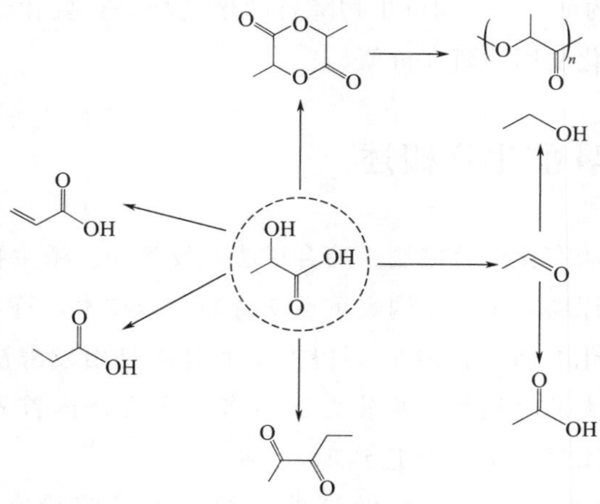

图 1-2 乳酸转化示意图

1.3 乳酸催化转化研究进展

目前，以乳酸为原料合成聚乳酸已经工业化，除此之外，其他乳酸转化工艺均处于实验室研发阶段，是本文关注的研究对象。

1.3.1 乳酸脱水反应制丙烯酸的研究进展

丙烯酸（acrylic acid，AA），又称败脂酸，是一种不饱和有机酸，结构简式为 CH_2＝$CHCOOH$，常温常压下为无色透明液体，与水任意配比互溶。丙烯酸结构式中有一个双键和一个羧基，酸性较强。

丙烯酸大部分用于聚合制备聚丙烯酸或丙烯酸酯，丙烯酸盐和丙烯酸酯之间可以均聚或共聚，也可以与苯乙烯、丁二烯、丙烯腈、氯乙烯及顺酐等单体共聚。丙烯酸类聚合物具有许多优异的性能，如耐氧化、耐老化、超强吸水、保色、耐光、耐热等，被广泛用于合成橡胶、合成纤维、合成高吸水性树脂、胶黏剂、制药、皮革、纺织、建材、水处理、石油开采、涂料等领域。随着丙烯酸精馏技术的进步，高纯的丙烯酸被分离出来，此类丙烯酸特别适合用来生产妇女儿童用生理卫生品，因此近年的丙烯酸消费总量也在逐渐上升。

据前瞻产业研究院的报告，目前全世界丙烯酸年产能约为 800 万吨，主要集中于欧美及日本，大约占全世界产能的 60%。欧美市场基本饱和，但是中国、拉美等大部分发展中国家和地区对丙烯酸的需求量将快速增长，我国已成为消费丙烯酸增长最快及最主要的消费国家。

1.3.1.1 丙烯酸生产简介

丙烯酸化学合成路线是以石油产品为原料，如丙烯氧化法、丙烷氧化法、乙炔羰基合成法等。丙烯酸还可用生物基路线得到，如生物乳酸脱水制丙烯酸、甘油脱水氧化制丙烯酸。

20 世纪 60 年代末，随着石油化工的高速发展，丙烯价格日趋便宜，由于高度活泼、高度选择性和长使用寿命的催化剂的开发，使得丙烯直接部分氧化制丙烯酸的方法为工业界所接受。

最初的丙烯氧化法生产丙烯酸的技术是一步法工艺，即丙烯经一步直接氧化成丙烯酸工艺，其反应过程如下。

主反应：

$$H_2C\!\!=\!\!CHCH_3 + \frac{3}{2}O_2 \longrightarrow H_2C\!\!=\!\!CHCOOH + H_2O \qquad \Delta H = -594kJ/mol$$

副反应：

$$H_2C\!\!=\!\!CHCH_3 + \frac{9}{2}O_2 \longrightarrow 3CO_2 + 3H_2O \qquad \Delta H = -2060kJ/mol$$

一步法催化反应分两类：一类主要生成丙烯酸；另一类同时生成丙烯酸和丙烯醛。催化剂大多含有 Mo-Te 和 Te 组分，如表 1-1 所示[22]。一般情况下含 Te 组分的催化剂性能比不含 Te 的催化剂好。

表 1-1　丙烯一步法氧化反应制取丙烯酸的催化剂及其性能

催化剂组成	温度/℃	转化率/%	丙烯酸收率/%	丙烯醛收率/%
Mo-W-Te-Sn-Co	350	92.7	65	
Nb-W-Co-Ni-Bi-Fe-Mn-Si-Zr	320	99.6	73	11
Ni-Co-Fe-Bi-As-Mo	350	99.6	60	
Mo-V-Fe	400	84	61	
Mo-V-Te-Mn	370		73.5	
Mo-Sn-Te-P-Si-Fe	425	97	46	37
Mo-Co-Te-X	400	99	49	24
Mo-Te-Co-Fe-P	370	87	34	35

在一步法氧化反应中无论是主反应还是副反应都会放出大量的热，氧化过程不仅需要高选择性的催化剂，也需要高效移走反应放出的热量。一步法的致命弱点是丙烯氧化成丙烯酸这个过程本身是两个不同的氧化反应，在同

一个反应器中，使用同一种催化剂，在相同的反应条件下，必然无法获得最佳的反应结果。因而在出现不久后就被丙烯先氧化成丙烯醛，丙烯醛再氧化成丙烯酸的两步法工艺所取代。两步法工艺过程如下。

第一步，丙烯被氧化为丙烯醛：

$$H_2C =\!\!= CHCH_3 + O_2 \longrightarrow H_2C =\!\!= CHCHO + H_2O \qquad \Delta H = -340.8 kJ/mol$$

第二步，丙烯醛被进一步氧化为丙烯酸：

$$H_2C =\!\!= CHCHO + \frac{1}{2}O_2 \longrightarrow H_2C =\!\!= CHCOOH \qquad \Delta H = -254.1 kJ/mol$$

两步法工艺的最大特点是丙烯被氧化成丙烯醛和丙烯醛被氧化成丙烯酸分别采用不同的催化剂和使用条件，催化剂寿命长、产品收率高。如今，丙烯两步氧化法已成为丙烯酸工业中主要的工艺流程。新建丙烯酸装置无一例外采用了丙烯两步氧化法工艺。

丙烯气相氧化制丙烯醛催化剂的开发始于1942年，Shell公司先使用氧化铜为催化剂，后又改为氧化亚铜作催化剂。1957年，在美国路易斯安那州实现了第一个丙烯氧化制备丙烯醛的工业化生产，年产丙烯醛1.5万～2.0万吨。但其缺点是氧化亚铜催化性能差，而且丙烯循环量大。1959年，Sohio公司对丙烯氧化催化剂的研究取得重大突破，采用Mo-Bi为催化剂，经改进可使丙烯转化率达90%以上。之后又有了开发含锑、含碲和含硒的催化剂的报道。

丙烯醛进一步被氧化成丙烯酸使用的催化剂早期主要有Mo-Co、Mo-Ni和Sb体系，这些催化剂的丙烯酸收率仅为70%～80%。而Mo-V体系表现出良好的催化性能。目前研究的催化剂主要是Mo-V体系。单独的Mo-V催化剂的性能并不理想，其丙烯酸收率仅为75%左右。而当在该体系中加入其他助剂如As、Cu、W、Fe、Mn、Ce等，其催化活性得到大幅提高，文献报道过的最高收率为97%，一般都在90%以上[22]。近年来对丙烯醛氧化制丙烯酸的研究主要集中在Mo-V催化剂体系的改进和反应器的改进上。在反应器中加装散热管，通过散热介质带走反应所放出的热量以保持体系温度的稳定。将Mo-V-Cu-Co催化剂担载在多孔α-Al$_2$O$_3$上，在反应器进口处催化剂担载量为23%，出口处担载量为31%，空速1800h^{-1}条件下，经过180d，丙烯酸收率为96.2%，催化剂活性保持在99.9%。

日本是世界上对吸收、开发和推广丙烯气相氧化制备丙烯酸催化剂做出贡献最大的国家，尤其是日本触媒化学公司和日本三菱化学公司，目前世界上约80%的丙烯酸生产装置采用了日本技术。日本触媒公司技术：液态丙烯（95%丙烯，5%丙烷）在与加压热空气混合前先汽化。第一氧化反应反应器为管壳式，管内为 Mo-Bi-W 混合氧化物催化剂，在 325℃ 和 0.25～0.3MPa 下进行气相氧化反应，产物在送入第二反应器前预热到 240℃；第二氧化反应反应器也为管壳式，管内充填 Mo-V 氧化物催化剂，在 270℃ 和 0.2MPa 下进行气相氧化反应。两个反应器的热量由熔盐或热煤油移出。日本三菱公司技术：日本三菱丙烯氧化流程与日本触媒公司的技术基本相同。一段氧化使用 MA-F87 催化剂（Mo-Bi 系列），丙烯转化率大于 98%；二段氧化使用 MA-S87 催化剂（Mo-V 系列），丙烯醛转化率大于 99.3%，丙烯酸总收率大于 88%，因此一段、二段的催化剂性能都是最佳的。三菱氧化催化剂的强度高，无粉化现象，使用寿命达 4～6 年。此外，德国的巴斯夫也有较大贡献，他们在 20 世纪 60 年代末开发丙烯氧化制丙烯醛的基础上，进一步开发了丙烯氧化制丙烯酸的技术。该法采用 Mo-Bi 或 Mo-Co 系催化剂，反应温度为 250℃，丙烯醛氧化成丙烯酸的单程收率大于 90%。

丙烯氧化法是目前最为经济的丙烯酸生产方法，其生产能力占据总生产能力的 85% 以上。但该方法的投资较大，合理投资的最小规模在 2 万～3 万吨/a，必须要有大型石化工业的支持。而由于化石资源的不可再生性及紧缺性（20 世纪 70 年代爆发的两次石油危机就是例证），该方法在今后的发展尚存忧虑。

1.3.1.2 乳酸催化脱水合成丙烯酸发展概述

乳酸分子中有一个羟基和一个羧基，脱去一分子水即为丙烯酸。对乳酸脱水反应的研究较早，1958 年美国人 Holmen 以专利形式对乳酸催化脱水制丙烯酸反应进行了报道[23]，但当时正值世界范围石油化学工业的高速发展期，基于生物质乳酸转化制化学品的工艺路线并没有引起过多重视。直到 20 世纪 80 年代后，人们为了改变对石油资源的依赖性，谋求一种更为环保的、可持续的经济发展理念，关于乳酸脱水制备丙烯酸的研究工作又重新受到关注和重视[5~8,14,24~50]。在所有催化乳酸脱水合成丙烯酸研究中又以对简单金属无机盐和分子筛研究最多。

（1）金属盐类

Holmen[23]报道了几种用于乳酸及其低碳醇酯气相催化制备丙烯酸及其对应的丙烯酸酯的金属盐，适宜的温度在 250～550℃，最为有效的催化剂是 $CaSO_4/Na_2SO_4$，以乳酸计，丙烯酸的收率达 68%。乳酸催化脱水制备丙烯酸最主要的副产物是乙醛。Sawicki[51]对生成乙醛的副反应进行了考察，发现固体催化剂表面酸的强度和数量与生成乙醛有关，pH 值过高或过低均有利于乙醛的生成。在优化的工艺条件 pH 值为 5.9，温度为 350℃时，以二氧化硅负载 NaH_2PO_4 催化乳酸脱水得到了 58% 的丙烯酸收率。Willowick 等[52] 用氨处理过的磷酸铝催化该反应，获得了 43% 的丙烯酸收率。Gunter 等[53] 对乳酸脱水制备丙烯酸和 2,3-戊二酮的催化剂和载体进行了详细考察，发现硅铝复合载体负载 NaH_2AsO_4 催化剂具有最佳的催化性能。Wadley 等[17] 以二氧化硅负载硝酸钠来催化该反应，发现催化活性物质为乳酸钠。在低温、高压条件下，乳酸与催化剂的接触时间越长，越有利于 2,3-戊二酮生成，而在高温、低压条件下，接触时间越短越有利于丙烯酸的生成。许晓波[54] 以 $CaSO_4$ 和 $CuSO_4$ 为主催化剂，Na_2HPO_4 和 KH_2PO_4 为助催化剂较详细考察了以乳酸甲酯为原料脱水制取丙烯酸及酯的催化反应。实验在固定床反应器中进行，发现催化剂的酸度、原料的含水量、反应温度、液体进样量和 N_2 流量对于催化性能有着重要影响。在最佳反应工艺条件即 $m(CaSO_4):m(CuSO_4):m(Na_2HPO_4):m(KH_2PO_4)$ 为 $150.0:8.8:2.5:1.2$，乳酸甲酯含水量为 $w(H_2O)=40\%$，进料量为 0.22mL/min，反应温度为 400℃，氮气流速为 20mL/min 条件下，丙烯酸和丙烯酸甲酯的总收率为 61.30%。Zhang 等[25] 以硫酸钙为主催化剂，硫酸铜、磷酸盐为助剂，催化乳酸脱水制备丙烯酸。二氧化碳作载气，乳酸水溶液质量分数为 26%，反应温度为 330℃，此时丙烯酸的收率最高达 63.7%。采用类似的催化剂体系催化乳酸甲酯脱水反应，其载气替换为氮气，在反应温度为 400℃，乳酸甲酯的进料浓度为 60% 的条件下获得了丙烯酸甲酯和丙烯酸的总收率为 63.9%[55]。文献[28] 以二氧化硅负载碱金属的磷酸盐类催化剂用于乳酸甲酯脱水反应，发现 NaH_2PO_4/SiO_2 比 Na_2HPO_4/SiO_2 和 Na_3PO_4/SiO_2 的催化活性好；并采用 XRD、IR、NH_3-TPD、NMR 等对催化剂进行了表征，发现聚磷酸盐表面的酸性与端链 P—OH 的数量跟催化活性有密切关系。Lee 等[29] 采用溶胶-凝胶（sol-gel）、浸渍等方式制备出了 Ca_3PO_4-SiO_2 负载型催化剂用于乳酸甲酯脱水反应，发现 Ca_3PO_4-SiO_2（80∶20，质量比）催化性能最好，乳酸甲酯的转化率达 73.6%，丙烯酸和丙烯酸甲酯总选择性达 77.1%。近年来，羟基磷灰石[35,39,43]、稀土（碱土）金属盐类[8,36,46,48] 等催化剂在乳酸脱水方面，均取得了很好的研究进展。

（2）分子筛类

分子筛类催化剂因其结构和酸性可调，在乳酸及其酯脱水中具有广泛的应用[56]。Wang 等[24] 利用稀土金属镧改性的 La/NaY 型沸石分子筛增强乳酸脱水制备丙烯酸的催化活性，La 的质量占催化剂质量 2% 时具有最好的催化效果，丙烯酸的收率达到 56.3%。Sun 等[27]利用碱金属钾对 NaY 型沸石分子筛进行改性处理，发现改性后催化剂的选择性和稳定性得到极大提高。如 2.8K/NaY 催化剂和 NaY 比较，丙烯酸选择性由 14.8% 提高到 50.0%；反应 22h 后，NaY 催化剂对丙烯酸的选择性低于 10%，而 3.5K/NaY 催化剂对丙烯酸的选择性保持在 35.6% 以上。通过对催化剂表征发现，催化剂性能的改善主要归因于钾的添加调节了催化剂的酸碱性以及钾起着电子助剂的作用。随后 Sun 等[30]又采用不同阴离子的钾盐来改性 NaY 分子筛，发现阴离子对催化剂性能影响较大，KI 改性的 NaY 分子筛催化性能最佳，在 598K 条件下，乳酸转化率达 97.6%，丙烯酸选择性达 67.9%。Shi 等[57]采用离子交换法制备了 KNaY 型沸石分子筛用于催化乳酸甲酯脱水合成丙烯酸甲酯。和 NaY 型沸石分子筛比较，其脱水效率更高，在优化的条件下获得了 37.9% 的丙烯酸甲酯收率。黄和等[58,59]报道了一种以碱金属修饰的 Y 型分子筛催化剂用于乳酸脱水反应，其催化性能如图 1-3 所示。由图 1-3 可见，经修饰后的 Y 型分子筛具有更好的催化性能和较高的稳定性。谭天伟等[60]采用两段反应器模式来考察乳酸及其酯的催化脱水效果，两段采用不同催化剂。第一段采用分子筛类催化剂，第二段采用硫酸盐类催化剂，发挥两者优势，取得了较好的催化效果。Zhang 等[34]采用碱金属磷酸盐改性 NaY 型沸石分子筛。在反应温度为 340℃ 条件下，Na_2HPO_4/NaY（14%）催化乳酸脱水反应，丙烯酸收率达 58.4%。近年来，有关分子筛催化剂的研究还在持续改进和提高之中[5,49,50,61]。

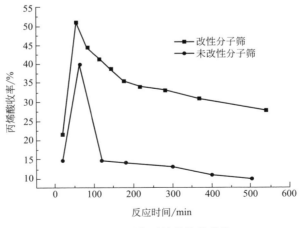

图 1-3　Y 型分子筛的催化性能

（3）其他类型催化剂

范能全对乳酸脱水催化剂进行了较宽范围的筛选，并且探讨了催化剂性能与其结构之间的关系[62]。通过添加十六烷基三甲基溴化铵或正十二烷胺，在水热条件下合成出了锂皂石，并用稀土元素铈进行改性，其催化乳酸脱水性能较佳。随后，又采用磷酸对膨润土进行酸化处理，用稀土元素铈对膨润土进行改性后用于乳酸气相催化脱水。发现未经改性的膨润土，乳酸转化率仅为15.3%，丙烯酸的选择性为2.5%，乙醛的选择性为61.4%；而经过改性后的膨润土，乳酸转化率达80.8%，丙烯酸的选择性为51.8%，乙醛的选择性为6.9%。乳酸及其酯脱水除了上述实验方法来对催化剂研究外，近来还呈现新的进展：采用量子化学计算和BP神经网络等方法来研究该催化过程及其无催化剂条件下的新工艺。张志强等[63]采用量子化学计算，并结合实验表征研究了负载型的磷酸和磷酸二氢钠催化剂的结构与催化乳酸脱水反应活性之间的关系。之后，又对三聚磷酸盐催化乳酸甲酯脱水反应进行了计算，发现乳酸甲酯脱水首先得到的是丙烯酸和甲醇，然后丙烯酸与醇再酯化生成丙烯酸甲酯；三聚磷酸盐催化乳酸甲酯生成丙烯酸的选择性高于催化乳酸生成丙烯酸的选择性[64]。Aida等[26]对无催化剂、高温高压条件下乳酸直接脱水制备丙烯酸进行了研究，发现在超临界水中，水的含量增大有利于脱水生成丙烯酸的主反应和脱羧基或羰基生成乙醛的副反应而增大，但更有利于脱水生成丙烯酸的反应。在450℃、100MPa、停留时间为0.8s条件下，乳酸的转化率为23%，丙烯酸的选择性达44%。

1.3.2 乳酸脱羧反应制乙醛的研究进展

1.3.2.1 乙醛生产简介

乙醛（acetaldehyde，简写为AD），又称醋醛，是一种有刺激性气味的无色液体，结构简式为CH_3CHO。

乙醛作为有机化工的基础原料，是一种重要的中间体，在生产中可用来合成多种产品，如季戊四醇、乙二醛、丁二醇、乙酸酯、吡啶类等化合物。1916年德国建立世界上第一座乙醛生产工厂，乙醛工业得到快速发展。1945年左右乙醛工业到达顶峰。20世纪70年代美国孟山都公司开发出低压羰基合成乙酸工艺后使乙醛的产量有所减少。但由于乙醛下游产品的重要性及多样性，乙醛在中国的需求量仍然巨大。

1835 年瑞典化学家 Scheele 最早由乙醇脱氢制得乙醛。1881 年库切洛夫以汞盐为催化剂用乙炔水合法成功合成乙醛。目前，乙醛的合成工艺路线主要可分为两大类，即生物基路线如乙醇氧化、乳酸脱羧；非生物基路线如乙炔氧化、乙烯氧化、乙酸还原等，乙烯氧化是目前工业制备乙醛的主要途径，反应过程如下。

$$CH_2\!=\!\!CH_2 + \frac{1}{2}O_2 \longrightarrow CH_3CHO$$

1.3.2.2　乳酸脱羧反应制乙醛的研究进展

杂多酸作催化剂具有低温、高活性优点，杂多酸主要由杂多阴离子、阳离子（质子、金属离子或鎓离子）以及结晶水或其他离子组成。聚阴离子形式以及其他的三维排列称为杂多酸的次级结构，而杂多阴离子中的排列则称为它的初级结构。固体杂多酸的初级结构相当稳定，而它的次级结构则容易转变。杂多酸在相对温和的温度下进行催化反应有脱水、酯化、醚化及相关反应，并表现出了优越的催化作用。如杂多酸对于醇类脱水反应的催化活性要远比通常的固体酸好很多，杂多酸的催化活性比常用的沸石分子筛和硅酸铝要高。杂多酸对部分烷基化反应也具有很好的催化活性，但会表现出失活很快，这可能和杂多酸的表面酸强度过强有关。研究表明，含氧碱性物或碱性基团的存在似乎可减缓或削弱杂多酸化合物的酸强度或酸密度，而这有利于催化剂的催化活性。

杂多酸作催化剂的常见催化反应有：乙醇、丙醇和丁醇等的脱水反应；甲醇以及二甲醚转化制烯烃的反应；一些醚化反应；一些酯化反应；一些羧酸的分解反应和一些烷基异构化反应。迄今，有关杂多酸在乳酸脱羧反应中的研究很少。第一篇专门针对乳酸脱羧的文献，是 2010 年 Katryniok 等在 *Green Chemistry* 报道的二氧化硅担载杂多酸催化乳酸脱羧反应制备乙醛，在 275℃时乳酸转化率为 91%，乙醛收率达到 81%～83%[11]。但该文中缺少催化剂稳定性研究的实验数据。随后有研究小组采用碱金属修饰的 ZSM-5 催化剂用于乳酸脱羧反应，乙醛的收率实现了 96%[10]。

乳酸脱羧得到乙醛的同时副产的一氧化碳很容易被分离出来。一氧化碳是 C_1 化学的基础，由它可以制备一系列重要产品，如与乙烯或其他烯烃通过氢甲酰化反应合成丙醛或其他醛类，与乙炔或其他炔烃羧基合成丙烯酸或其他 α,β-不饱和酸[65～69]。

1.3.3　乳酸缩合反应制 2,3-戊二酮的研究进展

2,3-戊二酮的相对密度为 0.9565，折射率为 1.4014，熔点为－52℃，沸点为 108℃，为黄绿色油状液体，除了带有坚果底香外，还具有奶油和焦糖香气。

2,3-戊二酮是一种高附加值精细化学品，大量用于食品添加剂，在最新的报道中，2,3-戊二酮与苯酚反应可生成新型双酚类化合物；同时它作为聚对苯二甲酸乙二醇酯（PET）的增塑剂也显示出可喜的效果[70]。此外，2,3-戊二酮化学性质活泼，能发生氧化、还原、加成、缩合等多种反应，具有广泛的合成用途。

1.3.3.1　2,3-戊二酮生产简介

传统合成 2,3-戊二酮方法是，在盐酸羟胺存在和用氮气保护条件下，用过量的亚硝酸钠和稀盐酸氧化甲基丙基酮来制备 2,3-戊二酮。此外，2,3-戊二酮还可以通过羟基丙酮与乙醛在酸性催化下缩合得到；以及从芬兰松等的精油中提取而得。前面两种方法为传统合成工艺路线，存在产物难以分离的缺点，并且过程中有有害气体和大量废酸产生；第三种为 2,3-戊二酮天然品，但产量很低，且精制困难。

1.3.3.2　乳酸缩合反应制 2,3-戊二酮研究进展

迄今，国内外研究报道中主要涉及二氧化硅或分子筛负载碱金属盐作催化剂，但这些催化剂作用下 2,3-戊二酮收率不高，活性组分易流失，或需要在原料乳酸中添加大量乳酸铵等。如凡美莲等[71]采用浸渍法制备了分子筛担载的钾催化剂 K/ZSM-5 和 K/Y。对催化剂进行了 X 射线衍射和低温氮气吸附表征表明，改性过程导致分子筛的骨架结构在一定程度上遭到破坏，比表面积减小而孔径增加。与改性前相比较，改性后的催化剂反应性能和碳平衡率明显提高，这种结果可归因于改性后催化剂中新活性中心的形成及孔径的调节。在各种改性后的催化剂中，微-介孔 ZSM-5 催化剂性能最佳，在 280℃时乳酸转化率为 52.4%，2,3-戊二酮选择性为 48.0%，原因在于该催化剂具有最高的比表面积。

1.3.4 乳酸脱氧反应制丙酸的研究进展

1.3.4.1 丙酸生产简介

丙酸（propionic acid）是一种有机酸，分子式为 $C_3H_6O_2$，分子量为 74，是一种带刺激性气味的无色透明液体。

丙酸不仅是化工生产的重要中间体，而且在农药、食品、塑料等的生产中也有广泛应用。我国丙酸消费结构为：用于谷物和饲料的防腐剂、食品保鲜剂，约占 60%；用于除草剂敌稗和禾乐灵等的原料，约占 20%；用于生产香料和香精等，约占 20%。

目前丙酸生产主要依赖于乙烯氢甲酰化得到丙醛而后氧化得到[72~77]，其他合成丙酸的方法主要包括乙烯氢羧基化反应[78,79]、乙醇羰基化反应[80]、丙烯酸加氢反应[81]和丙烯腈水解反应[82~84]，以上制备方法详见图 1-4。

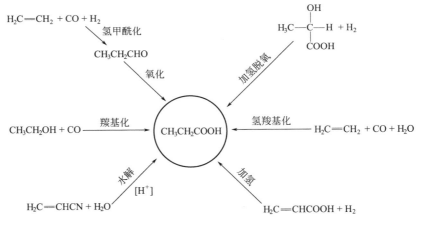

图 1-4　丙酸生产的工艺路线

1.3.4.2 乳酸脱氧反应制丙酸研究进展

早在 19 世纪，就有人使用氢碘酸作为催化剂催化乳酸制备丙酸[19]。基于 Pt、Pd 和 Ir 等贵金属催化剂也被用于该反应[85]。反应机理包括两步，首先乳酸脱水得到丙烯酸，接着丙烯酸加氢得到丙酸。在这些贵金属配合物中，$PtH(PEt_3)_3$ 在 250℃、pH 值为 2 条件下，催化性能最好，丙酸产率达到 50% 左右。基于非贵金属钼的配合物催化乳酸脱氧制备丙酸，实际得到丙酸钠，收率达到 41%[19]。以上均相催化剂最大的问题在于催化剂与产物的分离困难。多相催化剂因能有效地克服以上问题而变得尤为引人瞩目。近来，以 Co/Zn 催化乳酸液相脱氧反应，实现了 58.8% 的丙酸收率[18]。但在该反应中，催化剂用量较大，且 Zn 被用作还原剂发生定量消耗，经济性有待改进。

参 考 文 献

[1] 李维俊，高鹏. 北方环境，2013，25（12）：4-7.

[2] Gao C，Ma C Q，Xu P. Biotechnol Adv，2011，29（6）：930-939.

[3] Serrano-Ruiz J C，West R M，Dumesic J. A. Catalytic Conversion of Renewable Biomass Resources to Fuels and Chemicals. In：Prausnitz JM，Doherty MF，Segalman RA，editors. Annual Review of Chemical and Biomolecular Engineering，Vol 1. Palo Alto：Annual Reviews，2010. 79-100.

[4] Gallezot P. Chem Soc Rev，2012，41（4）：1538-1558.

[5] Yan B，Tao L Z，Mahmood A，et al. ACS Catal，2017，7（1）：538-550.

[6] Terrade F G，van Krieken J，Verkuijl B J V，et al. CheVIPsChem，2017，10（9）：1904-1908.

[7] Noda Y，Zhang H，Dasari R，et al. Ind Eng Chem Res，2017，56（20）：5843-5851.

[8] Lyu S，Wang T F. RSC Adv，2017，7（17）：10278-10286.

[9] Peng J S，Li X L，Tang C M，et al. Green Chem，2014，16（1）：108-111.

[10] Sad M E，Pena L F G，Padro C L，et al. Catal Today，2018，302：203-209.

[11] Katryniok B，Paul S，Dumeignil F. Green Chem，2010，12（11）：1910-1913.

[12] Tang C M，Zhai Z J，Li X L，et al. J Catal，2015，329：206-217.

[13] Tang C M，Peng J S，Li X L，et al. Green Chem，2015，17（2）：1159-1166.

[14] Zhang J F，Feng X Z，Zhao Y L，et al. J Ind Eng Chem，2014，20（4）：1353-1358.

[15] Tam M S，Jackson J E，Miller D J. Ind Eng Chem Res，1999，38（10）：3873-3877.

[16] Tam M S，Craciun R，Miller D. J. et al. Ind Eng Chem Res，1998，37（6）：2360-2366.

[17] Wadley D C，Tam M S，Kokitkar P B，et al. J Catal，1997，165（2）：162-171.

[18] Huo Z B，Xiao J F，Ren D Z. et al. Green Chem，2017，19（5）：1308-1314.

[19] Korstanje T J，Kleijn H，Jastrzebski J，et al. Green Chem，2013，15（4）：982-988.

[20] Zhang Y，Li X，Sun L，et al. Chemistry Select，2016，1（15）：5002-5007.

[21] Li X L，Zhai Z J，Tang C M，et al. RSC Adv，2016，6（67）：62252-62262.

[22] 杨先贵，刘昭铁，张家琪. 天然气化工，1998，23（4）：43-47.

[23] Holmen R E. USP 2859240，1958.

[24] Wang H J，Yu D H，Sun P，et al. Catal Commun，2008，9（9）：1799-1803.

[25] Zhang J F，Lin J P，Cen P L. Can J Chem Eng，2008，86（6）：1047-1053.

[26] Aida T M，Ikarashi A，Saito Y，et al. J Supercrit Fluids，2009，50（3）：257-264.

[27] Sun P，Yu D H，Fu K M，et al. Catal Commun，2009，10（9）：1345-1349.

［28］ Zhang Z Q，Qu Y X，Wang S，et al. Ind Eng Chem Res，2009，48（20）：9083-9089.

［29］ Lee J M，Hwang D W，Hwang Y K，et al. Catal Commun，2010，11（15）：1176-1180.

［30］ Sun P，Yu D H，Tang Z C，et al. Ind Eng Chem Res，2010，49（19）：9082-9087.

［31］ Yan J，Yu D H，Li H，et al. J Rare Earths，2010，28（5）：803-806.

［32］ Hong J H，Lee J M，Kim H，et al. Appl Catal A-Gen，2011，396（1-2）：194-200.

［33］ Yan J，Yu D H，Sun P，et al. Chin J Catal，2011，32（3）：405-411.

［34］ Zhang J F，Zhao Y L，Pan M，et al. ACS Catal，2011，1（1）：32-41.

［35］ Ghantani V C，Lomate S T，Dongare M K，et al. Green Chem，2013，15（5）：1211-1217.

［36］ Blanco E，Delichere P，Millet J M M，et al. Catal Today，2014，226：185-191.

［37］ Ghantani V C，Dongare M K，et al. BRSC Adv，2014，4（63）：33319-33326.

［38］ Li C，Wang B，Zhu Q Q，et al. Appl Catal A-Gen，2014，487：219-225.

［39］ Matsuura Y，Onda A，Ogo S，et al. Catal Today，2014，226：192-197.

［40］ Matsuura Y，Onda A，Yanagisawa K. Catal Commun，2014，48：5-10.

［41］ Wang B，Li C，Zhu Q Q，et al. RSC Adv，2014，4（86）：45679-45686.

［42］ Yan B，Tao L Z，Liang Y，et al. ChemSusChem，2014，7（6）：1568-1578.

［43］ Yan B，Tao L Z，Liang Y，et al. ACS Catal，2014，4（6）：1931-1943.

［44］ Zhang J F，Zhao Y L，Feng X Z，et al. Catal Sci Technol，2014，4（5）：1376-1385.

［45］ Näfe G，López-Martinez M A，Dyballa M，et al. J Catal，2015，329（0）：413-424.

［46］ Guo Z，Theng D S，Tang K Y，et al. Phys Chem Chem Phys，2016，18（34）：23746-23754.

［47］ Lari G M，Puertolas B，Frei M S，et al. ChemCatChem，2016，8（8）：1507-1514.

［48］ Nagaraju N，Kumar V P，Srikanth A，et al. Appl Petrochem Res，2016，6（4）：367-377.

［49］ Yan B，Mahmood A，Liang Y，et al. Catal Today，2016，269：65-73.

［50］ Zhang X H，Lin L，Zhang T，et al. Chem Eng J，2016，284：934-941.

［51］ Sawicki R A. USP 4729978，1988.

［52］ Willowick C P. USP 4786756，1988.

［53］ Gunter G C，Langford R H，Jackson J E，et al. Ind Eng Chem Res，1995，34（3）：974-980.

［54］ 许晓波. 乳酸甲酯催化脱水制备丙烯酸及其甲酯的研究［D］. 杭州：浙江大学，2006.

［55］ Zhang J F，Lin J P，Xu X B，et al. Chin J Chem Eng，2008，16（2）：263-269.

［56］ 黄和，施海锋，王红娟. CN 2007100224110，2007.

［57］ Shi H F，Hu Y C，Wang Y，et al. Chin Chem Lett，2007，18（4）：476-478.

［58］ 黄和，汪洋，余定华，等. CN200810023342X［P］，2008-09-03.

［59］ 黄和，王红娟，施海峰，等. 200710021177X［P］，2008-10-08.

［60］ 谭天伟，韩超，杨超. CN 2008101131264，2008.

［61］ Yuan C，Liu H Y，Zhang Z K，et al. Chin J Catal，2015，36（11）：1861-1866.

［62］ 范能全. 乳酸脱水反应催化剂的探索性研究［D］. 杭州：浙江工业大学，2009.

［63］ 张志强. 乳酸（甲酯）催化脱水制取丙烯酸（甲酯）的实验和理论研究［D］. 北京：北京化工大学，2009.

［64］ Zhang Z Q，Qu Y X，Wang S I，et al. J Mol Catal A-Chem，2010，323（1-2）：91-100.

［65］ Brennfuhrer A，Neumann H，et al. ChemCatChem，2009，1（1）：28-41.

［66］ Tang C M，Zeng Y，Yang X G，et al. J Mol Catal A-Chem，2009，314（1-2）：15-20.

［67］ Gadge S T，Bhanage B M. RSC Adv，2014，4（20）：10367-10389.

［68］ Sumino S，Fusano A，Fukuyama T，et al. AccChem Res，2014，47（5）：1563-1574.

［69］ Wu X F，Fang X J，Wu L P，et al. AccChem Res，2014，47（4）：1041-1053.

［70］ Schutyser W，Koelewijn S F，Dusselier M，et al. Green Chem，2014，16（4）：1999-2007.

［71］ 凡美莲，晁自胜，李立军，等. 湖南大学学报（自然科学版），2011，38（1）：58-62.

［72］ Huang L，Xu Y D. Appl Catal A-Gen，2001，205（1-2）：183-193.

［73］ Zapirtan V I，Mojet B L，van Ommen J G，et al. Catal Lett，2005，101（1-2）：43-47.

［74］ Hanh Nguyen Thi H，Duc Truong D，Thang Vu D，et al. Catal Commun，2012，25：136-141.

［75］ Diao Y，Li J，Wang L，Yang P，et al. Catal Today，2013，200：54-62.

［76］ Navidi N，Thybaut J W，Marin G B. Appl Catal A-Gen，2014，469：357-366.

［77］ Liu J，Yan L，Ding Y，et al. Appl Catal A-Gen，2015，492：127-132.

［78］ Zoeller J R，Blakely E M，Moncier R M，et al. Catal Today，1997，36（3）：227-241.

［79］ Chepaikin E G，Bezruchenko A P，Leshcheva A A. Kinet Catal，1999，40（3）：313-321.

［80］ Zhang Q，Wang H，Sun G，et al. Catal Commun，2009，10（14）：1796-1799.

［81］ Svachula J，Tichy J，Machek J. Applied Catalysis，1988，38（1）：53-59.

［82］ Wang Y，Liu H F，Toshima N. J Phys Chem，1996，100（50）：19533-19537.

［83］ Li J，Chen J，Wang Y，et al. Bioresour Technol，2014，169：416-420.

［84］ Li J，Yang L，Ding X，et al. RSC Adv，2015，5（96）：79164-79171.

［85］ Odell B，Earlam G，Cole-Hamilton D J. J Organomet Chem，1985，290（2）：241-248.

第 2 章

乳酸催化脱水反应合成丙烯酸

乳酸催化脱水合成丙烯酸在整个乳酸催化转化制备化学品中具有极为重要的意义。这是因为其产物丙烯酸可广泛用于水性涂料、分散剂，市场需求日益增加。以乳酸生产丙烯酸为典型的生物基化学品路线，具有绿色、可持续的特征，属于国家鼓励和大力扶持的新兴产业[1~3]。乳酸脱水反应迄今已有约 60 年的历史，但由于乳酸分子中同时存在一个羟基和一个羧基且与同一个碳原子相连的结构特点，导致了两个基团有很高的反应活性，因此乳酸脱水反应的选择性不高。为了提高脱水反应选择性，国内外的研究者进行了大量的研究工作，获得了一些规律性认识。早在 1958 年，Holmen 申请的发明专利中提出了 $CaSO_4$-Na_2SO_4 组合催化剂，在优化的实验条件下，获得了 58％的丙烯酸收率[4]。随后，这一催化体系通过引入硫酸铜及钾（钠）的磷酸氢盐进行了优化，脱水反应活性得到了进一步提高[5]。然而这些工作，关注点都在于催化剂的活性测试，很少涉及与催化剂的表面性质相关的研究。分子筛类催化剂由于具有较高的比表面积、合适的孔道结构以及拥有丰富的酸性位点，在石油化工中用于重整、异构、裂解等反应有很好的效果。因而，研究者把分子筛拓展到了乳酸脱水反应中，但未改性的分子筛催化效 果并不理想。与烃类的重整、异构、裂解反应相比较，乳酸脱水反应需要的酸性较弱，分子筛需要进行改性以削弱酸强度。在乳酸脱水中所选用的分子筛有 NaY、ZSM-5、β-分子筛等；改性剂为 $NaNO_3$、$RbNO_3$、$CsNO_3$、KBr、NaOH、Na_2HPO_4 等，实现了良好的催化脱水性能，且这些工作通过对催化剂的表征揭示了催化剂表面的酸碱性与乳酸脱水性能之间的关系[6~13]。此外，相继有磷酸镧[14]、羟基磷灰石[15~18]等用于乳酸脱水反应，对其表面酸碱性主要采用 NH_3-TPD/吡啶-红外与 CO_2-TPD 方式进行表征，并对酸碱性与催化活性之间进行关联，发现酸性是影响催化活性的关键因素[19]。从催化剂的稳定性及催化效率角度出发，首先乳酸脱水反应为高温水热气氛，需考虑水热稳定性，同时又要考虑催化剂的酸碱性是否适合脱水反应的要求，笔者课题组设计和制备了碱土金属硫酸盐及焦磷酸盐体系[20~22]。系统研究了催化剂的酸碱性与脱水反应活性之间的关系；催化剂在反应前后结构的变化；催化剂的稳定性；以及优化了的反应工艺条件。随后，从构建硫酸钡晶体缺陷角度出发，研究了晶体缺陷引起的酸碱性变化，并考察了具有不同晶体缺陷硫酸钡的催化性能，获得了高脱水活性的硫酸钡晶体的可控制备[23,24]。

2.1 硫酸钡催化乳酸脱水合成丙烯酸

碱土金属盐表面具有一定酸性和碱性。Holmen专利[4]中提出用$CaSO_4$催化乳酸脱水反应且得到了不错的效果，那么$BaSO_4$、$MgSO_4$甚至$NiSO_4$等碱土金属硫酸盐是否也有这样的效果呢？

经过初步尝试发现$BaSO_4$效果较好。硫酸钡具有化学惰性强、稳定性好、耐酸碱、硬度适中、高白度、高光泽、能吸收有害射线等优点，不但如此，硫酸钡还是唯一无毒的常见钡盐，非常符合生物基乳酸转化过程中一直强调的绿色环保的设计理念。因此本节将重点探讨硫酸钡催化乳酸脱水反应中的相关问题。

2.1.1 硫酸钡系列催化剂的制备

本催化剂制备方法主要是以沉淀法为主，利用两种或多种可溶性的盐发生复分解反应在水溶液中生成难溶、微溶或不溶性钡盐。

硫酸钡是以稀硫酸和氯化钡为前驱体通过沉淀法进行制备得到。典型的制备过程如下：称取$BaCl_2 \cdot 2H_2O$ 0.88g，置于200mL蒸馏水中；加热至50℃，恒温搅拌，使其充分溶解；在持续恒温搅拌条件下，将稀硫酸或硫酸钠溶液以1.0mL/min的速度匀速滴加至氯化钡溶液中，与氯化钡反应形成硫酸钡白色沉淀。SO_4^{2-}稍微过量，使Ba^{2+}沉淀完全，陈化12h，将沉淀过滤、洗涤、干燥，然后置于马弗炉中以5℃/min的速度升至所需焙烧温度，恒温5h，缓慢冷却，取出并置于干燥器中备用。更换钡盐前驱体，如硝酸钡，采用类似的方法制备硫酸钡催化剂。

除硫酸钡以外，还选择了硫酸镁、硫酸锌、硫酸铝、硫酸镍几种金属硫酸盐，以及文献中的硫酸钙，一同进行催化剂筛选。

2.1.2 金属硫酸盐催化性能考察与筛选

2.1.2.1 硫酸钡的催化性能考察

对市售硫酸钡及不同前驱体制备的硫酸钡催化乳酸脱水性能进行初步考

察。反应条件：原料，20％（质量分数）乳酸水溶液；进料速度，1.0mL/h；反应温度，400℃；载气，N_2，流速为 1.0mL/min；催化剂装填量，0.5～0.6g，催化剂粒径，20～40 目。实验结果如表 2-1 所示，这五种不同来源的硫酸钡对乳酸的转化率很高，几乎接近 100％。另外，从产物分布来看，主要为丙烯酸（约 65％）和乙醛（约 20％）；其次为丙酸、乙酸及 2,3-戊二酮等副产物，合计约为 15％。实验结果表明，沉淀法获得的硫酸钡与市售硫酸钡有相似的催化性能，并且目标产物丙烯酸的选择性高达 65％左右。

表 2-1　不同来源的硫酸钡催化性能

序号[①]	乳酸转化率/%	选择性/%[②]				
		AA	AD	PA	PD	AC
1	99.7	65.6	20.5	9.4	1.6	1.8
2	99.8	65.8	20.3	9.3	1.7	1.7
3	99.6	64.9	20.8	9.5	1.6	1.9
4	99.6	65.3	20.2	9.4	1.7	1.8
5	99.7	65.2	20.5	9.5	1.7	1.9

① 1—氯化钡与硫酸钠制硫酸钡；2—氯化钡与稀硫酸制硫酸钡；3—硝酸钡与硫酸钠制硫酸钡；4—硝酸钡与稀硫酸制硫酸钡；5—市售硫酸钡。

② AA—丙烯酸；AD—乙醛；PA—丙酸；PD—2,3-戊二酮；AC—乙酸；TOS（催化剂连续运行时间），1～3h。

2.1.2.2　其他金属硫酸盐的催化性能考察

表 2-1 中不同来源的硫酸钡对乳酸脱水制丙烯酸反应均展示了良好的催化活性，由此其他金属硫酸盐是否也具有类似的催化活性值得探讨，以系统总结硫酸盐催化乳酸脱水活性规律。硫酸铝、硫酸镍、硫酸锌、硫酸镁、硫酸钙、硫酸钠的实验结果如表 2-2 所示，硫酸钡也一并列于其中。在这些硫酸盐中，属于碱土金属硫酸盐的 $BaSO_4$ 和 $CaSO_4$ 有较好的催化活性，乳酸转化率接近 100％，丙烯酸选择性大于 65％，副产物主要是乙醛和丙酸；其次是 $MgSO_4$，乳酸转化率为 85％，丙烯酸选择性为 61.7％；$ZnSO_4$ 和 Na_2SO_4 乳酸转化率不超过 50％。尽管 $Al_2(SO_4)_3$ 有很高的乳酸转化率，但丙烯酸的选择性很低，而乙醛的选择性很高。

在获得催化剂基本反应活性数据之后，对有良好初始活性的 $CaSO_4$、$MgSO_4$ 和 $BaSO_4$ 这三种金属硫酸盐延长反应时间，观察反应活性随反应时间的变化规律。发现 $CaSO_4$ 的活性只维持 16h，$MgSO_4$ 活性更短，8h 后就有明显下降，表明这两种硫酸盐在反应条件下的水热稳定性较差。而

BaSO$_4$ 的结果则令人满意，在初步测试中稳定时间就已达 50h 以上。最终选取了 BaSO$_4$ 为最佳催化剂。

表 2-2　金属硫酸盐催化乳酸脱水制备丙烯酸[①]

催化剂	乳酸转化率/%	选择性/%[②]				
		AA	AD	PA	PD	AC
Al$_2$(SO$_4$)$_3$	100.0	9.4	79.0	5.5	0.7	1.9
NiSO$_4$	99.8	19.4	54.4	9.3	1.3	2.6
ZnSO$_4$	45.0	26.4	55.1	12.5	1.5	3.6
MgSO$_4$	85.0	61.7	29.0	6.2	1.2	1.6
BaSO$_4$	99.7	65.7	20.3	9.4	1.7	1.9
CaSO$_4$	99.8	68.6	20.5	7.6	0.9	1.6
Na$_2$SO$_4$	30.0	27.0	23.0	24.1	1.3	3.3

① 催化剂焙烧温度，500℃；脱水反应温度，400℃；催化剂用量，0.50～0.60g；粒径，20～40 目；载气 N$_2$，流速 1mL/min；20%（质量分数）LA 溶液；进料速度，1mL/h。

② TOS，1～3h。

2.1.3　硫酸钡及其他金属硫酸盐的表征

为什么以硫酸钡为代表的碱土金属硫酸盐的催化性能远远优于其他硫酸盐？首先考虑到气固催化反应中催化剂比表面积可能对反应结果有较大影响。用 N$_2$ 等温物理吸附方法测定了催化剂的比表面积，并采用 BET 模型进行了计算，其结果见表 2-3。所选金属硫酸盐比表面积呈现如下特点：就碱土金属硫酸盐而言，随碱土金属原子序数增加，比表面积降低；就 +2 价金属硫酸盐而言，其比表面积没有明显的变化规律；+1 价金属的硫酸钠和 +3 价金属的硫酸铝比表面积更低。将其与表 2-2 所示的催化活性之间进行关联，可以发现，表 2-3 中所选金属硫酸盐比表面积与其催化乳酸脱水性能之间并无直接联系。

表 2-3　硫酸盐的比表面积数据

催化剂	比表面积/(m^2/g)	催化剂	比表面积/(m^2/g)
Al$_2$(SO$_4$)$_3$	1.77	BaSO$_4$	3.36
NiSO$_4$	15.45	CaSO$_4$	5.59
ZnSO$_4$	1.91	Na$_2$SO$_4$	—
MgSO$_4$	10.26		

注："—" BET 比表面积极小难于测量，各催化剂均在 500℃ 焙烧 6h。

文献[10，11]指出乳酸脱水反应活性与催化剂表面酸性密切相关，于是用 Hammett 指示剂法对表 2-3 所示 7 种催化剂样品进行传统酸碱性表征，结果见表 2-4。Hammett 指示剂法详见第 2 章及相关专著介绍。

几种金属硫酸盐表面酸性强弱排序 $Al^{3+}>Zn^{2+}>Ni^{2+}>Mg^{2+}>Ba^{2+}>Ca^{2+}>Na^+$。对照表 2-4 和表 2-2 中脱水反应数据发现，一定酸强度范围内，乳酸脱水反应产物丙烯酸选择性随酸强度增加而逐渐降低，乳酸脱羰或脱羧反应副产物乙醛选择性随酸强度增加而升高，印证了生成乙醛的反应需要较强的酸强度（详见第 3 章）。所有金属硫酸盐中，硫酸铝酸强度最大，脱羰反应最严重，乙醛选择性高达 79.0%。Katryniok 和 Sad 等[25,26]在研究杂多酸及分子筛催化乳酸脱羧反应得到了相似的结果。$CaSO_4$、$MgSO_4$ 和 $BaSO_4$ 这三种硫酸盐表面有大量中等强度酸中心，对丙烯酸选择性超过 60%。与 $MgSO_4$ 相比较，$CaSO_4$ 和 $BaSO_4$ 不能使二甲基黄变成酸性色，表明其酸性弱于 $MgSO_4$，相应丙烯酸选择性高于 $MgSO_4$。从这一角度理解，似乎催化剂表面酸性越弱越有利于乳酸脱水生成丙烯酸的反应。Na_2SO_4 不能使甲基红变成酸性色，表明其 $H_0>+4.8$，表面酸强度比 $CaSO_4$ 还弱，是表 2-4 中表面酸强度最弱的硫酸盐，得到的乳酸转化率和丙烯酸选择性分别为 30.0% 和 27.0%。以上说明，表面酸中心过弱或过强都对脱水反应有不利影响，以 H_0 定义的酸强度在 $+3.3\sim+4.8$ 的 $BaSO_4$ 等比较适合催化乳酸脱水反应。

表 2-4　Hammett 指示剂法标定金属硫酸盐表面酸强度及酸密度①

催化剂②	酸密度/（mmol 正丁胺/g 催化剂）			
	+4.8(a) $4.0<H_0<4.8$	+4.0(b) $3.3<H_0<4.0$	+3.3(c) $1.5<H_0<3.3$	+1.5(d) $H_0<1.5$
$Al_2(SO_4)_3$	0.0063	0.0271	0.0065	0.0025
$NiSO_4$	0.0006	0.0224	0.0056	—
$ZnSO_4$	0.0180	0.0130	0.0100	—
$MgSO_4$	0.0036	0.0016	0.0032	—
$BaSO_4$	0.0042	0.0114	—	—
$CaSO_4$	0.0101	0.0079	—	—
Na_2SO_4	—	—	—	—

① Hammett 指示剂，a 表示甲基红，b 表示萘红，c 表示二甲基黄，d 表示结晶紫。

② 催化剂在 500℃下焙烧 6h。

鉴于硫酸钡在初选实验中表现出良好的催化活性，接下来将主要考虑如何调节 $BaSO_4$ 表面酸密度以获得更好的结果。有文献指出碱土金属盐类催化剂通过焙烧可调节其表面的酸性，以及通过焙烧还可增强催化剂运行过程的稳定性[17,27]。于是在此考察了硫酸钡焙烧温度与其表面酸量之间的关系，结果如表 2-5 所示。硫酸钡表面的酸性位点随焙烧温度增加而逐渐增多；当焙烧温度为 700℃时（硫酸钡分解温度为 1600℃），硫酸钡表面 $3.3 < H_0 < 4.8$ 范围内总酸位密度最高；进一步提高焙烧温度，酸性位点反而减少。

表 2-5　BaSO$_4$ 焙烧温度对催化剂酸强度、密度分布的影响

焙烧温度/℃	酸密度/(mmol 正丁胺/g 催化剂)	
	$4.0 < H_0 < 4.8$	$3.3 < H_0 < 4.0$
未焙烧	0.0038	0.0032
300	0.0039	0.0101
500	0.0042	0.0114
700	0.0066	0.0163
900	0.0033	0.0095

用 FT-IR 和 XRD 对催化剂表面官能团和结构特性进行表征，红外谱图见图 2-1，X 射线衍射谱图见图 2-2。焙烧后硫酸钡的 XRD 谱图中没有出现新的特征衍射峰，同时 FT-IR 谱图中硫酸钡焙烧前后的特征吸收峰位置基本保持一致，表明硫酸钡催化剂结构并不随焙烧温度发生变化。

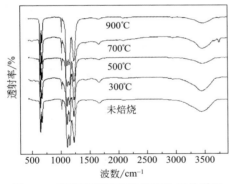

图 2-1　硫酸钡不同焙烧温度的红外谱图

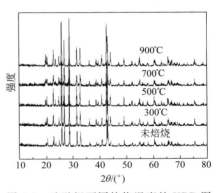

图 2-2　硫酸钡不同焙烧温度的 XRD 图

一般硫酸盐都具有很好的热稳定性，BaSO$_4$ 的热重分析结果也是如此，在 50～800℃升温过程中，样品质量几乎没有明显变化，如图 2-3 所示。升温初期的质量轻微减少可能是样品吸附少量游离水所致。

欲了解高温焙烧后催化剂表面形貌是否发生变化，于是对 700℃时焙烧和未经焙烧的硫酸钡催化剂进行扫描电镜测试，结果如图 2-4 所示，样品表面没有明显变化。

以上傅里叶红外（FT-IR）、X 射线衍射（XRD）、热重（TG）和电镜（SEM）表征结果一致，共同说明硫酸钡具有非常好的热稳定性。

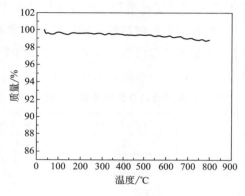

图 2-3　BaSO₄ 热重分析图

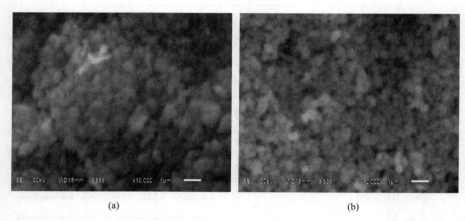

(a)　　　　　　　　　　　　(b)

图 2-4　BaSO₄ 的 SEM 图片

（a）700℃焙烧；（b）未焙烧

2.1.4　硫酸钡催化乳酸脱水反应影响因素分析

2.1.4.1　催化剂焙烧温度的影响

在考察焙烧温度对硫酸钡脱水反应性能影响的同时还应结合硫酸钡表面酸量变化情况进行分析。如表 2-6 所示，催化剂经 700℃焙烧后进行反应，所得乳酸转化率和产物丙烯酸的选择性达到最高，分别为 99.8％和 74％。而 700℃焙烧后催化剂表面 $3.3 < H_0 < 4.8$ 区间的酸性位点最多，说明弱酸位和中等强度酸位为催化乳酸脱水反应的活性中心。以上结果说明催化剂通过适当温度的焙烧可有效改善其表面酸碱性，提升催化性能[17,27]。

表 2-6 焙烧温度对 BaSO₄ 表面酸量及催化脱水反应性能的影响①

焙烧温度/℃	乳酸转化率/%	丙烯酸选择性/%	酸密度/(mmol 正丁胺/g 催化剂)	
			$4.0 < H_0 < 4.8$	$3.3 < H_0 < 4.0$
未焙烧	67.5	77.0	0.0038	0.0032
300	68.0	75.1	0.0039	0.0101
500	99.7	65.7	0.0042	0.0114
700	99.8	74.0	0.0066	0.0163
900	95.0	65.8	0.0033	0.0095

① 反应温度，400℃；BaSO₄ 质量，0.57g；粒径，20～40 目；载气流速，1mL/min；进料速度，1mL/h；乳酸浓度，20%（质量分数）。

2.1.4.2 反应温度对反应的影响

针对同一催化体系，醇类分子内脱水形成烯键所需温度比分子间脱水形成醚键更高，换言之，温度升高有利于分子内脱水形成烯键。因此乳酸脱水生成不饱和丙烯酸的反应常在高温下进行[5]。

如图 2-5 所示，发现硫酸钡催化剂上乳酸脱水反应对温度非常敏感。300～400℃乳酸转化率呈线性增加，400℃以上几乎全部转化。但是升高反应温度不利于提高目标产物丙烯酸选择性。例如，300℃时乳酸的转化率极低只有约 10%，丙烯酸的选择性却达最高约 80%；而温度升高至 500℃时

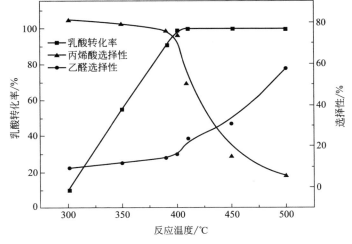

图 2-5 反应温度对 BaSO₄ 催化乳酸脱水的影响

反应条件：反应温度为 400℃，BaSO₄ 质量为 0.57g，粒径为 20～40 目，
载气流速为 1mL/min，进料速度为 1mL/h，进料为 20%（质量分数）乳酸水溶液

虽然乳酸接近100％转化，但丙烯酸的选择性却下降至5.6％，副产物乙醛选择性得到大幅提升。可见500℃的反应温度并不适合乳酸脱水反应，而对脱羧反应有利。考虑丙烯酸收率，即乳酸转化率和丙烯酸选择性的乘积最大值，在硫酸钡催化乳酸脱水反应体系中选择最佳温度为400℃。

2.1.4.3 不同浓度的乳酸溶液对反应的影响

单位时间内单位量的催化剂能催化转化多少乳酸分子是确定的，当乳酸浓度过高时就会出现乳酸未完全转化的现象，恰好出现乳酸剩余的那个浓度称为催化剂最大催化转化浓度。但这个浓度却不一定是催化剂催化转化乳酸的最佳浓度，因为当浓度过高时催化剂表面会快速积炭，进而降低催化剂性能，此乳酸浓度使催化剂并不能在长时间内维持高催化活性。

乳酸水溶液的进料浓度对脱水反应影响如图2-6所示。乳酸浓度在20％（质量分数）内变化，丙烯酸选择性几乎不发生改变，乙醛选择性也非常稳定。但是继续增大进料乳酸的浓度，副产物2,3-戊二酮的量有所增加而副产物丙酸的量却逐渐减少，说明乳酸浓度高时有利于发生缩合反应但对脱氧反应有抑制作用。根据文献及随后第5章有关缩合反应的动力学研究，生成2,3-戊二酮的反应对反应物乳酸来说是一个二级反应，因此，提高乳酸浓度有助于2,3-戊二酮的生成[28~33]。故以乳酸制备2,3-戊二酮时，可以考虑适当增加乳酸浓度；而以乳酸脱水反应制备丙烯酸时，乳酸浓度则不宜过高，一般以20％（质量分数）的乳酸水溶液进料。此外，乳酸浓度过高容易引

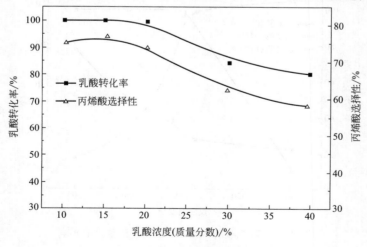

图 2-6　乳酸水溶液进料浓度的影响

反应条件：进料速度为1mL/h，反应温度为400℃，$BaSO_4$用量为0.50~0.60g，TOS为1~3h

起催化剂表面积炭。

2.1.4.4 载气流速对脱水反应的影响

载气流速过快使乳酸与催化剂的接触时间变短，所以乳酸转化率变低。如表 2-7 所示，接触时间越短越有利于提高丙烯酸选择性，说明相对其他反应而言生成丙烯酸的脱水反应是一个快反应。

表 2-7　载气流速的影响[①]

载气流速/(mL/min)	乳酸转化率/%	选择性/%[②]				
		AA	AD	PA	PD	AC
0.5	100	68.0	15.6	2.6	2.5	1.5
1.0	99.7	76.0	14.1	2.8	2.1	1.1
1.5	99.1	76.3	13.1	2.7	1.8	0.9
3.0	97.5	76.5	11.6	2.7	1.7	0.7
4.5	96.6	76.4	11.2	2.4	1.5	0.5

① $BaSO_4$ 用量，0.57g；催化剂焙烧温度（质量分数），500℃；反应温度（质量分数），400℃；乳酸浓度，20%，进料速度，1mL/h。

② TOS，1～3h。

2.1.4.5 乳酸进料速度对脱水反应的影响

进料速度越快单位时间内催化剂单位面积所接触的乳酸分子越多，但催化剂表面活性位有限，催化剂在单位面积内无法催化完全那么多的乳酸分子，所以乳酸的进料速度过快不利于提高乳酸的转化率。但若乳酸进料速度过低，对乳酸脱水生成丙烯酸这个快反应没有益处，反而由于各种分子在催化剂表面停留时间过长容易发生各种副反应。

如表 2-8 所示，实验最大液空速为 8.1h$^-$ 时，丙烯酸选择性达到最高值 77.5%，但此时进料量已是初始进料量的 4.5 倍，故对应的乳酸转化率也从初始 100% 下降至 97.5%。

表 2-8　液空速的影响[①]

乳酸水溶液空速/h$^-$	乳酸转化率/%	选择性/%[②]				
		AA	AD	PA	PD	AC
1.8	100	68.0	15.6	2.6	2.5	1.5
2.7	99.7	76.0	14.1	2.8	2.1	1.1
5.4	99.1	76.3	13.1	2.7	1.8	0.9
8.1	97.5	77.5	11.6	2.7	1.7	0.7

① $BaSO_4$ 催化剂，0.57g；乳酸浓度（质量分数），20%；催化剂焙烧温度，500℃。

② TOS，1～3h。

2.1.5　催化剂稳定性测试

催化剂稳定性是评价催化剂性能的一个重要指标，催化剂高活性时间持续越长说明催化剂的性能越好。本实验中硫酸钡连续催化乳酸脱水反应 80h 后乳酸的转化率由 99.8% 降到约 90%，丙烯酸的选择性由 76% 降到约 50%，如图 2-7 所示。

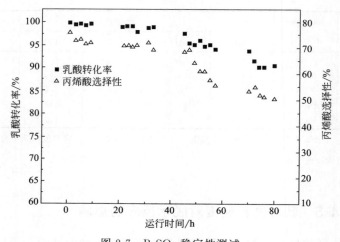

图 2-7　BaSO₄ 稳定性测试

实验条件：BaSO₄ 用量为 0.57g，催化剂焙烧温度为 700℃，
反应温度为 400℃，乳酸浓度（质量分数）为 20%，进料速度为 1mL/h

文献报道[11,13]，NaY 分子筛上乳酸转化率从 80% 下降至 60%，丙烯酸选择性更从 73% 跌至 40%。催化剂失活分析是 NaY 分子筛表面酸性较强，使 C—C 键断裂而在催化剂表面形成积炭，造成脱水反应活性下降。碱性物质 Na₂HPO₄ 修饰的 NaY 分子筛可降低催化剂表面酸强度，但是在催化乳酸脱水反应过程中遇到的水热环境以及物料冲刷作用使负载的 Na₂HPO₄ 很容易流失。相比之下，硫酸钡在乳酸或水中溶解度极低，水解反应弱，具有良好的水热稳定性，这是其长时间内催化活性稳定的原因之一。另外，催化活性稳定性还和催化剂表面适宜的酸性位点有关。

2.2　焦磷酸钡催化乳酸脱水制备丙烯酸

Hong 等[27]在研究乳酸甲酯脱水生成丙烯酸及其甲酯反应时发现

$Ca_2P_2O_7$-$Ca_3(PO_4)_2$ 复配物具有很好的催化效果。作者课题组将这一复合催化剂直接用于催化乳酸脱水制备丙烯酸也取得了不错的收率[34]。并且，前期研究金属硫酸盐系列催化乳酸脱水反应时发现，阴离子均为硫酸根，但金属阳离子不同则脱水活性大有差别，其中以硫酸钡表现最佳。

考虑 Ba 与 Ca 是同一主族的元素，是否在 Ba 催化体系也能发现 $Ba_2P_2O_7$-$Ba_3(PO_4)_2$ 有类似钙体系的良好催化效果呢？还是单组分优于复配呢？所以在本节中尝试选择 $Ba_2P_2O_7$、$Ba_3(PO_4)_2$ 以及两者复配物进行乳酸脱水反应的探索。预实验发现三者都具有一定催化活性，其中 $Ba_2P_2O_7$ 催化性能最优。

2.2.1 焦磷酸钡与磷酸钡的制备

称取无水焦磷酸钠 0.035mol 溶于 200mL 蒸馏水中；称取二水氯化钡 0.09mol 溶于 100mL 蒸馏水中；充分搅拌，形成焦磷酸钠溶液与氯化钡溶液。将这两种溶液加热到 55℃，把焦磷酸钠溶液以 0.6mL/min 的速度滴加到氯化钡溶液中并不断搅拌，直到沉淀完全。陈化 20h，抽滤、洗涤至中性，干燥，密封待用。

正反沉淀、不同的滴定速度、不同的钡前驱体都可能对沉淀物产生影响。因此，在多种条件下制备了焦磷酸钡沉淀，如将钡盐溶液滴加至焦磷酸钠溶液中；或改变滴加速度，由 0.45mL/min 逐渐增大至 3.0mL/min；或将氯化钡替换为硝酸钡，得到沉淀后，陈化 20h，抽滤、洗涤、干燥、密封待用。

磷酸钡的制备过程参考焦磷酸钡。

2.2.2 焦磷酸钡系列催化性能考察与分析

参考硫酸钡催化乳酸脱水实验结果，仍然设定反应温度为 400℃，考察了不同钡盐前驱体、正反滴加顺序和焦磷酸钡沉淀速度对催化乳酸脱水反应性能的影响。脱水反应条件：20% 乳酸水溶液进料，进料速度 1.0mL/h，反应温度 400℃，载气 N_2 流量 1.0mL/min，催化剂填装量 0.55~0.65g，催化剂粒径 20~40 目。

正反滴加和不同钡前驱体的考察结果如表 2-9 所示，这两个因素对于焦磷酸钡催化性能影响较小。在此基础上进一步考察氯化钡溶液中焦磷酸钠的滴加速度的影响，结果见图 2-8，焦磷酸钠滴加速度不影响焦磷酸钡催化活性。以上实验结果说明，以沉淀法制备焦磷酸钡过程适应性好，有利于催化剂后续开发过程的控制。

表 2-9　钡前驱体及正反滴加对 $Ba_2P_2O_7$ 催化性能的影响

序号[①]	乳酸转化率/%	选择性/%	
		丙烯酸	其他
1	99.7	74.0	24.2
2	99.2	73.6	25.1
3	98.9	73.3	25.3
4	99.0	73.4	24.8

① 1—钠盐溶液滴加于氯化钡溶液；2—氯化钡溶液滴加于钠盐溶液；3—钠盐溶液滴加于硝酸钡溶液；4—硝酸钡溶液滴加于钠盐溶液。

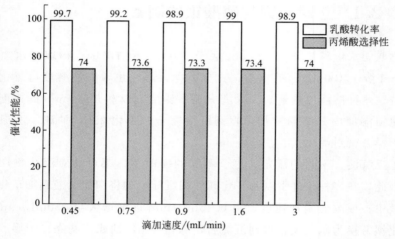

图 2-8　钠盐不同滴加速度对 $Ba_2P_2O_7$ 催化性能的影响

　　磷酸钡、焦磷酸钡和二者复配催化剂在 400℃反应条件下的实验结果见表 2-10。磷酸钡与焦磷酸钡一样，乳酸转化率接近 100%，但对丙烯酸的选择性相差很大，两者分别为 18.5% 和 76.0%。文献[27]中 $Ca_3(PO_4)_2$ 与 $Ca_2P_2O_7$ 质量比为 1:1 时协同催化作用使得脱水效果好于单组分磷酸钙 $Ca_3(PO_4)_2$ 或单组分焦磷酸钙 $Ca_2P_2O_7$。对磷酸钡与焦磷酸钡也同比例复配，即 $Ba_2P_2O_7$-$Ba_3(PO_4)_2$（50:50，质量比），发现乳酸转化率下降至 81.0%，丙烯酸选择性（54.0%）也并非最高。初选实验中 $Ba_2P_2O_7$ 的催化效果最好。

　　对反应气相也进行检测分析，发现三种催化剂的反应尾气里都存在 H_2、CO_2 和 CO，但 $Ba_3(PO_4)_2$ 作催化剂时尾气中 CO_2 和 CO 含量明显高于单组分焦磷酸钡或复配催化剂。乳酸脱水生成丙烯酸的反应并不会失去碳原子，也不产生 CO_2 或 CO，尾气中含有 CO_2 和 CO 说明在脱水反应进行的同时存在乳酸脱羰或脱羧副反应。

表 2-10 磷酸钡与焦磷酸钡复合考察

| 催化剂组成 M1：M2 | 乳酸转化率/% | 选择性/% | |
		丙烯酸	其 他
100：—	99.7	76.0	22.4
50：50	81.0	54.0	42.5
—：100	99.5	18.5	80.8

注：M1 表示焦磷酸钡；M2 表示磷酸钡；催化剂用量，0.57g；载气流速，1mL/min；进料速度，1.0mL/h；浓度（质量分数），20%；"—"，无。

2.2.3 焦磷酸钡系列催化剂的表征

2.2.3.1 催化剂 BET 和 NH$_3$-TPD

在催化剂表征方面，首先采用 N$_2$ 等温物理吸附方式测定了焦磷酸钡、磷酸钡及两者 1：1 复合后样品的比表面积、孔容、孔径等物理性质，如表 2-11 所示。磷酸钡和焦磷酸钡比表面积都较小，焦磷酸钡比表面积仅为 1.58m^2/g。金属硫酸盐系列催化脱酸脱水实验也有相类似的结果，虽然硫酸钡效果很好，但其比表面积仅为 3.36m^2/g。说明在乳酸脱水反应中催化剂催化性能与比表面积、孔容、孔径等物理性质并无直接联系。

表 2-11 催化剂的物理性质

催化剂	比表面积/(m^2/g)	孔容/(cm^3/g)	孔径/nm
Ba$_2$P$_2$O$_7$	1.58	0.0047	12
Ba$_3$(PO$_4$)$_2$	12.64	0.0624	20
Ba$_2$P$_2$O$_7$-Ba$_3$(PO$_4$)$_2$（50：50,质量比）	2.18	0.0051	8

因为在研究金属硫酸盐催化乳酸脱水反应中，已经发现催化剂表面的酸碱性对反应结果有很大影响，于是采用 NH$_3$-TPD 方法分别测定了磷酸钡、焦磷酸钡和两者复配催化剂的表面酸性，结果如表 2-12 所示。

表 2-12 催化剂 NH$_3$-TPD 结果

| 催化剂 | 酸密度分布/(μmol NH$_3$/g 催化剂) | | | 总酸位/(μmol NH$_3$/g 催化剂) |
	弱酸位（100~200℃）	中等酸位（200~400℃）	强酸位（400~600℃）	
Ba$_2$P$_2$O$_7$	0.71	2.02	2.86	5.59
Ba$_3$(PO$_4$)$_2$	1.72	4.92	7.24	13.88
Ba$_2$P$_2$O$_7$-Ba$_3$(PO$_4$)$_2$（50：50,质量比）	0.47	2.15	5.22	7.84

对表 2-12 中 NH₃-TPD 结果分析发现，三种催化剂中 $Ba_2P_2O_7$ 表面总酸量最低仅 5.59μmol NH₃/g 催化剂；$Ba_3(PO_4)_2$ 表面酸量最多达到 13.88μmol NH₃/g 催化剂；$Ba_2P_2O_7$-$Ba_3(PO_4)_2$（50：50，质量比）恰恰介于 $Ba_2P_2O_7$ 和 $Ba_3(PO_4)_2$ 二者之间。一般认为催化剂表面强酸位数量越少对乳酸脱水生成丙烯酸越有利，基于此焦磷酸钡活性应优于其他两种催化剂。另外一个可能的原因是，磷酸钡在水热环境中发生水解反应，使其表面呈现出一定的碱性，固体催化剂酸碱位分离，此碱性并不能改变磷酸钡表面酸性特性；焦磷酸钡水解反应倾向低于磷酸钡。譬如曾将磷酸钡和焦磷酸钡置于去离子水中，1h 后浸渍磷酸钡的水溶液 pH=9.65，浸渍焦磷酸钡的水溶液 pH=7.5，浸渍之前 pH=6.5。因此，与焦磷酸钡相比，磷酸钡催化剂上乳酸或通过中间体丙烯酸加氢生成丙酸的副反应量较大，这与碱性位点有利于加氢反应有关。综上，焦磷酸钡表面弱酸性和优良的水热稳定性使其在催化乳酸脱水反应时显示好的催化活性。

2.2.3.2　FT-IR、XRD、TG 和 SEM

傅里叶红外（FT-IR）表征结果如图 2-9 所示。$Ba_2P_2O_7$ 和 $Ba_3(PO_4)_2$ 的红外谱图中均出现各自的特征振动吸收峰，如都含有羟基振动峰。复配催化剂 $Ba_2P_2O_7$-$Ba_3(PO_4)_2$（50：50，质量比）的红外谱图中没有出现新的振动吸收峰，表明复配催化剂中组分磷酸钡和焦磷酸钡只是简单的物理混

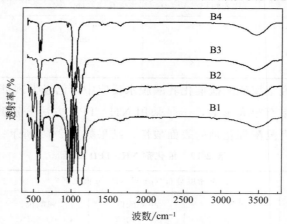

图 2-9　催化剂红外谱图

B1—新鲜 $Ba_2P_2O_7$；B2—使用 $Ba_2P_2O_7$ 后；B3—使用 $Ba_2P_2O_7$-$Ba_3(PO_4)_2$
（50：50，质量比）后；B4—新鲜 $Ba_3(PO_4)_2$

合。焦磷酸钡反应前后的红外谱图基本相同，说明焦磷酸钡在反应过程中具有很好的水热稳定性。

广角 XRD 谱图见图 2-10，在 $Ba_2P_2O_7$-$Ba_3(PO_4)_2$（50 : 50，质量比）复配催化剂 XRD 谱图中可以找到磷酸钡和焦磷酸钡的所有特征衍射峰，无新峰出现，也说明磷酸钡和焦磷酸钡混合并焙烧的复配过程并无化学反应发生。焦磷酸钡反应前后 XRD 谱图基本一致，同样说明焦磷酸钡不仅催化活性好，而且具有非常好的稳定性。

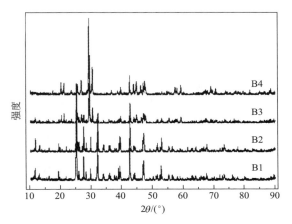

图 2-10 催化剂 XRD 谱图

热重分析（TG-DSC）着重观察了焦磷酸钡在 50～800℃的质量变化，见图 2-11。热重分析过程单组分 $Ba_2P_2O_7$ 没有明显失重，表明 $Ba_2P_2O_7$ 有很高的热稳定性。

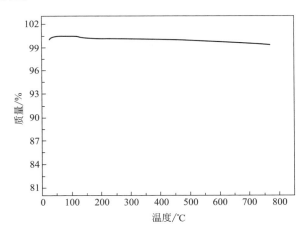

图 2-11 新鲜 $Ba_2P_2O_7$ 催化剂热重分析图

扫描电镜（SEM）放大 10000 倍时观察了催化剂的表面形貌见图 2-12，同倍数下焦磷酸钡电镜照片与硫酸钡电镜照片非常相似，焦磷酸钡呈颗粒状存在，且粒径分布较窄，粒子内无孔隙。与 BET 测定结果相一致，测定比表面积非常小仅为 $1.58\text{m}^2/\text{g}$。

图 2-12　新鲜 $Ba_2P_2O_7$ 催化剂 SEM 图

2.2.4　焦磷酸钡催化乳酸脱水制丙烯酸的工艺条件优化

2.2.4.1　催化剂焙烧温度对反应的影响

分别在 300℃、500℃、700℃和 900℃对焦磷酸钡进行焙烧，焙烧后催化脱水反应的结果如表 2-13 所示，未焙烧样品也列在表内。可以看出在实验条件下乳酸转化率都维持在一个非常高的水平，焙烧温度对乳酸转化率的影响不大。焙烧温度升高后，丙烯酸选择性改变明显，先增高后降低；副产物乙醛、丙酸的选择性随温度的升高而升高；副产物 2,3-戊二酮和乙酸的选择性却随着温度的升高而降低。

从实验结果来看催化剂的焙烧温度在 500℃左右是合适的，此时丙烯酸选择性可达 76.0%。

表 2-13　催化剂的焙烧温度

焙烧温度/℃	乳酸转化率/%	选择性/%				
		AA	AD	PA	PD	AC
—	99.5	65.4	7.5	0.8	2.0	2.6
300	99.5	66.8	7.8	0.9	2.0	2.3
500	99.7	76.0	14.1	2.8	2.1	1.1
700	99.6	63.6	18.0	6.1	1.3	1.9
900	100.0	62.8	28.0	5.2	1.1	1.3

注：催化剂的制备条件见 2.2.1 节叙述，实验条件见 2.2.2 节叙述。TOS，1～3h。

2.2.4.2　反应温度对焦磷酸钡催化乳酸脱水的影响

参考硫酸钡催化乳酸脱水反应的实验结果，在 300～500℃ 对 $Ba_2P_2O_7$ 催化乳酸脱水实验进行考察，结果见表 2-14。催化剂表面酸性强则转化乳酸需要的温度低，但是容易脱羰或脱羧生成乙醛；反之，催化剂表面酸性弱则容易脱水生成丙烯酸。NH_3-TPD 表征显示焦磷酸钡表面主要是弱酸位，所以在 300℃ 时仅有 10% 乳酸发生反应，此时丙烯酸选择性最高，为 79.1%。400℃ 时乳酸转化率已升至 99.7%，对应丙烯酸选择性为 76.0%。高于 400℃ 后，生成乙醛的脱羰或脱羧副反应迅速加剧。450℃ 以上，乳酸或中间体丙烯酸有发生加氢反应生成丙酸的趋势，其中氢来源于乳酸脱羧过程。考虑乳酸转化率和丙烯酸选择性，反应温度设定在 400℃ 比较合理。

表 2-14　反应温度的影响

反应温度/℃	乳酸转化率/%	选择性/%				
		AA	AD	PA	PD	AC
300	10	79.1	7.5	0.8	2.0	2.6
350	30	78.2	7.8	0.9	2.0	2.3
400	99.7	76.0	14.1	2.8	2.1	1.1
450	100	41.3	18	6.1	1.3	1.9
500	100	17.5	36	5.2	1.1	1.3

注：$Ba_2P_2O_7$ 催化剂，0.57g；载气流速，1mL/min；进料速度，1mL/h；乳酸浓度（质量分数），20%；催化剂焙烧温度，500℃；粒径，20～40 目。TOS，1～3h。

2.2.4.3　不同浓度的乳酸溶液对反应的影响

乳酸浓度对反应的影响如表 2-15 所示，乳酸浓度（质量分数）在 10%～50% 变化，生成丙烯酸的主反应几乎不受影响，副产物乙醛和丙酸选择性有所降低。随着乳酸浓度的升高 2,3-戊二酮的量在增加，即乳酸浓度增加有利于发生缩合反应。从实验结果来看制备丙烯酸不宜选择乳酸浓度过高，如若以乳酸制备 2,3-戊二酮可以考虑增大乳酸浓度。

表 2-15　乳酸浓度的影响

乳酸浓度（质量分数）/%	乳酸转化率/%	选择性/%				
		AA	AD	PA	PD	AC
10	100.0	75.3	15.1	5.4	2.3	1.3
15	100.0	74.5	14.9	6.1	2.2	1.3
20	99.7	76.0	14.1	2.8	2.1	1.1
30	99.6	75.2	14.3	2.7	2.1	0.9
40	99.6	73.5	14.1	2.8	3.9	1.0
50	99.5	75.1	13.9	2.9	4.0	1.0

注：$Ba_2P_2O_7$ 催化剂，0.57g；载气流速，1mL/min；进料速度，1mL/h；催化剂焙烧温度，500℃；粒径，20～40 目。TOS，1～3h。

2.2.4.4　乳酸液空速 LHSV 对乳酸脱水的影响

本实验中乳酸水溶液进料速度为 0.65～2.96mL/h，对应乳酸液空速 LHSV＝1.8～8.1h^{-1}，400℃时脱水反应结果见表 2-16。可以看出随着进料速度的增加乳酸转化率轻微降低，从 100% 下降到 97.5%，然而丙烯酸选择性从 68% 升高至 77.5%，原因与硫酸钡结果相似，焦磷酸钡比表面积比硫酸钡还小，分别为 $1.57m^2/g$ 和 $3.36m^2/g$，表面活性位有限使得高液空速下乳酸转化率下降。

表 2-16　液空速的影响

乳酸水溶液空速/h^{-1}	乳酸转化率/%	选择性/%				
		AA	AD	PA	PD	AC
1.8	100	68.0	15.6	2.6	2.5	1.5
2.7	99.7	76.0	14.1	2.8	2.1	1.1
5.4	99.1	76.3	13.1	2.7	1.8	0.9
8.1	97.5	77.5	11.6	2.7	1.7	0.7

注：$Ba_2P_2O_7$，0.57g；焙烧温度，500℃；粒径，20～40 目；载气流速，1mL/min；乳酸质量分数，20%；反应温度，400℃。TOS，1～3h。

2.2.5　催化剂稳定性测试

焦磷酸钡催化稳定性实验结果如图 2-13 所示，反应温度为 400℃，进行脱水反应前焦磷酸钡在 500℃ 焙烧 6h。

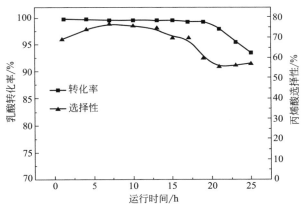

图 2-13　催化剂稳定性测试

反应条件：$Ba_2P_2O_7$ 催化剂，0.57g；载气流速，1mL/min；进料速度，1mL/h；乳酸质量分数，20%；催化剂焙烧温度，500℃；反应温度，400℃；粒径，20～40 目

从图 2-13 实验结果可以看出，反应开始阶段乳酸转化率最高，为 99.8%，之后缓慢下降至 93.5%。但是，初始丙烯酸选择性（69.1%）并不是最高，随着脱水反应连续进行，丙烯酸的选择性渐渐升高，在反应进行 5～8h 后丙烯酸的选择性升至最高，为 76.9%，维持约 8～10h 后丙烯酸的选择性出现下降趋势，进一步延长时间，丙烯酸的选择性明显下降至 55%。与此同时，乳酸的转化率也开始出现明显下降趋势。实验进行 25h 停止，根据乳酸转化率和丙烯酸选择性可以粗略估算出丙烯酸收率约 43.6%，比最高收率减少了约 32%。

2.3　磷酸修饰的焦磷酸锶催化乳酸脱水制备丙烯酸

基于硫酸钡、焦磷酸钡催化和文献 [35，36] 所述催化乳酸脱水制备丙烯酸反应的实验结果，调节催化剂表面酸量以及酸密度对反应结果有重要影响。

前期文献大量的工作关注碱性金属修饰的分子筛类催化剂。文献以镧、铈、钐等碱性金属调节 NaY 分子筛表面酸性[37]。Sun 等[11]报道钾改性的 NaY 分子筛使丙烯酸选择性从 14.8% 提升至 50.0%。Zhang 等[10]系统研究了碱土金属磷酸盐种类和负载量改性 NaY 分子筛催化乳酸脱水反应。

Ghantani 等[17]报道了羟基磷灰石催化乳酸脱水反应，获得了初步的实验结果。徐柏庆课题组在羟基磷灰石催化剂方面开展了系统而深入的研究工作，通过 NH_3-TPD/CO_2-TPD 等表征，揭示了磷灰石的催化作用机理及优化了催化剂的制备条件[15]。前面一系列的工作，都是利用碱性金属降低催化剂表面的酸性。然而，很少有人研究酸性物质修饰使催化剂表面酸性增强以提升乳酸脱水反应活性。

本节以非挥发性无机酸对焦磷酸锶、磷酸锶、硫酸锶和硅酸锶四种锶盐表面进行修饰，以 Hammett 指示剂法测定催化剂酸修饰前后表面酸强度和酸密度变化，期望建立催化剂表面酸碱性与乳酸催化脱水活性之间的联系。

2.3.1　几种锶盐的制备

焦磷酸锶的制备，称取焦磷酸钠（$Na_4P_2O_7$）4.76g 溶解于 100mL 蒸馏水中，称取硝酸锶 6.00g 溶解于 100mL 蒸馏水中，将焦磷酸钠溶液匀速缓慢滴加于快速搅拌的硝酸锶溶液中，陈化 24h，用去离子水多次洗涤去除携带的焦磷酸钠，120℃条件下干燥 6h，密封待用。

硫酸锶与磷酸锶的制备方法与焦磷酸锶制备方法类似。

硅酸锶的制备，用无水乙醇作溶剂，称取硅酸乙酯 5.4g 溶解于 100mL 无水乙醇中，称取硝酸锶 5.19g 溶解于 100mL 蒸馏水中，将硝酸锶溶液缓慢滴加于硅酸乙酯溶液中并快速搅拌，用硝酸调节 pH 值约为 1～2，加热搅拌形成凝胶状，置于真空干燥箱内真空 45℃干燥 4h，升温至 80℃再干燥 1h，最后经 700℃焙烧形成硅酸锶，待用。

磷酸改性的焦磷酸锶（0.05％磷酸）将 2.00g 焦磷酸锶浸渍于 20mL 0.05％磷酸溶液（质量分数）中，4h 后取出，120℃条件下干燥 6h，密封待用。

其他酸修饰和其他浓度酸修饰过程与磷酸改性的焦磷酸锶（0.05％磷酸）过程相似。

所有催化剂在进行脱水反应前先于 500℃条件下焙烧 6h。

2.3.2　锶系催化剂的催化性能考察与分析

催化剂初选实验结果如表 2-17 所示，催化剂焙烧温度和脱水反应温度分别是 500℃和 400℃。硫酸锶和硅酸锶的催化性能让人失望，硫酸锶对乳酸的转化率低至27.5%。几种锶盐中焦磷酸锶的效果最好，初选实验中丙烯酸选择性最高为49.3%。在实验条件设置基本相同的情况下，焦磷酸锶上丙烯酸选择性仍然低于前面硫酸钡和焦磷酸钡的实验结果（60%～70%）。

表 2-17　几种锶盐的催化活性

催化剂	乳酸转化率/%	选择性/%				
		AA	AD	PA	PD	AC
$Sr_3(PO_4)_2$	100.0	25.0	17.5	9.6	3.8	1.8
$Sr_2P_2O_7$	95.0	49.3	25.9	11.3	2.8	2.3
$SrSO_4$	27.5	32.8	20.2	16.3	4.2	2.2
Sr_2SiO_4	100.0	14.4	29.0	23.1	4.5	3.0

注：催化剂量，0.45～0.75g；粒径，20～40目；载气 N_2 流速，1mL/min；20% LA 溶液（质量分数）；LA 流速，1mL/h。TOS，1～3h。

想测定所有催化剂样品的表面酸性，先用 NH_3-TPD 进行测定，但是由于焦磷酸锶表面酸性太弱，NH_3-TPD 测定失败。之后又改回传统的 Hammett 指示剂法，与 NH_3 相比，Hammett 指示剂正丁胺具有更强的碱性，并且由于锶盐颜色较浅，方便观察指示剂颜色变化。Hammett 法测定催化剂表面酸碱性结果见表 2-18，焦磷酸锶能使指示剂 4-苯偶氮-1-萘胺显示酸性色。未经酸处理锶盐样品表面酸性从小到大排序：$Sr_3(PO_4)_2 < SrSO_4 < Sr_2SiO_4 < Sr_2P_2O_7$。除硅酸锶以外其他锶盐表面酸性强则丙烯酸选择性高。

通常情况下，催化剂比表面积对催化活性有很大影响。通过比较催化剂比表面积，发现硫酸锶与焦磷酸钠比表面积都比较低，硅酸锶比表面积最大（见表 2-22）。然而硅酸锶得到的丙烯酸选择性最低，仅为 14.4%。这意味着，除了催化剂的比表面积外，催化剂的表面性质譬如表面酸碱性对反应活性影响更大。

乳酸脱水反应是酸催化过程，适度增强锶盐表面酸性可能会提高其在脱水反应的催化活性。基于此认识，用磷酸浸渍磷酸锶和焦磷酸锶，以近似质量分数的硫酸浸渍硫酸锶，固定酸浸渍时间 4h，经过滤，干燥，得到酸修饰的锶盐催化剂。观察到硅酸锶在硅酸中有溶解现象，故没有进行后续考察。

Hammett 法测定酸处理之后催化剂表面酸碱性结果列于表 2-18 中。实验发现催化剂表面酸强度和酸密度正比于浸渍酸浓度。然而，硫酸锶酸强度与酸密度与其他锶盐不同，酸浓度高时浸渍后其表面酸强度和酸密度反而变小了。具体表现为酸处理焦磷酸锶、磷酸锶和硫酸锶在 H_0 为 4.0～4.8 酸量出现不同程度增加或减少，而在 H_0 为 3.3～4.0 的酸量均有所增加。

表 2-18 锶盐 Hammett 指示剂标定酸量及酸强度

催化剂	催化剂酸密度分布/(mmol 正丁胺/g 催化剂)		
	+4.8(a)	+4.0(b)	+3.3(c)
	$4.0<H_0<4.8$	$3.3<H_0<4.0$	$H_0<3.3$
$Sr_2P_2O_7$	0.009744	0.001611	—
$Sr_2P_2O_7(0.05\%H_3PO_4)$	0.006316	0.005879	—
$Sr_2P_2O_7(0.10\%H_3PO_4)$	0.012059	0.0101117	—
$Sr_2P_2O_7(0.15\%H_3PO_4)$	0.002854	0.0231129	—
$Sr_2P_2O_7(0.20\%H_3PO_4)$	0.002733	0.0322835	—
$Sr_3(PO_4)_2$	0.0048	—	—
$Sr_3(PO_4)_2(0.10\%H_3PO_4)$	0.0064440	—	—
$Sr_3(PO_4)_2(0.15\%H_3PO_4)$	0.009042	0.00477206	—
$Sr_3(PO_4)_2(0.25\%H_3PO_4)$	0.006492	0.0047628	—
$SrSO_4$	0.009498	—	—
$SrSO_4(0.10\%H_2SO_4)$	0.007547	0.003141762	—
$SrSO_4(0.20\%H_2SO_4)$	0.01115	0.004708	—
$SrSO_4(0.30\%H_2SO_4)$	0.01625	—	—
$SrSO_4(0.40\%H_2SO_4)$	0.02257	—	—
Sr_2SiO_4	0.01164497	—	—

注：Hammett 指示剂，a 为甲基红，b 为萘红，c 为二甲基黄；所有催化剂均在 500℃ 条件下焙烧 6h，浸渍时间为 4h。

但是什么区间的酸量增加才有利于催化剂的催化乳酸脱水？对此又进行了相对应的活性实验，结果如表 2-19 所示。

表 2-19 锶盐浸渍前后催化性能

催化剂	乳酸转化率/%	选择性/%				
		AA	PD	PA	PD	AC
$Sr_2P_2O_7$	95.0	49.3	25.9	11.3	2.8	2.3
$Sr_2P_2O_7(0.05\%H_3PO_4)$	100.0	52.5	26.0	6.0	5.4	1.8
$Sr_2P_2O_7(0.10\%H_3PO_4)$	100.0	62.5	26.1	6.2	2.1	2.2
$Sr_2P_2O_7(0.15\%H_3PO_4)$	100.0	37.5	28.6	9.5	2.6	3.7
$Sr_2P_2O_7(0.20\%H_3PO_4)$	100.0	34.3	45.5	9.0	1.8	1.6
$Sr_3(PO_4)_2$	100.0	25.0	17.5	9.6	3.8	1.8
$Sr_3(PO_4)_2(0.10\%H_3PO_4)$	100.0	45.7	20.0	12.1	2.5	2.1
$Sr_3(PO_4)_2(0.15\%H_3PO_4)$	100.0	59.3	24.5	11.1	3.1	2.0
$Sr_3(PO_4)_2(0.25\%H_3PO_4)$	100.0	53.5	22.3	9.8	2.5	2.0
$SrSO_4$	27.5	32.8	20.2	16.3	4.2	2.2
$SrSO_4(0.10\%H_2SO_4)$	65.5	42.0	26.7	9.6	3.7	2.1
$SrSO_4(0.20\%H_2SO_4)$	82.5	46.2	24.2	11.5	5.9	2.2
$SrSO_4(0.30\%H_2SO_4)$	79.5	22.0	30.6	16.1	3.7	2.4
$SrSO_4(0.40\%H_2SO_4)$	79.0	26.9	36.7	15.2	3.5	1.9
Sr_2SiO_4	100.0	14.4	29.0	23.1	4.5	3.0

注：焙烧温度，500℃；反应温度，400℃；催化剂用量，0.45~0.75g；粒径，20~40 目；载气 N_2 流速，1mL/min；20% LA 溶液（质量分数）；进料速度，1mL/h。TOS，1~3h。

为了更好地阐释催化剂表面酸性和脱水反应或丙烯酸选择性之间的关联，在酸处理之后重新测试其催化乳酸脱水反应活性，以乳酸转化率增加排序：$SrSO_4 < Sr_2P_2O_7 = Sr_2SiO_4 = Sr_3(PO_4)_2$。从表 2-19 还可以看出，催化剂表面总酸量并不是越高越好，也不是 pK_a 为 3.3~4.0 的酸量增加都有

利于乳酸脱水反应。焦磷酸锶经 0.10％的磷酸（质量分数，后同）浸渍后，丙烯酸选择性从 49.3％提高到 62.5％，而适合磷酸锶的磷酸浓度是 0.15％，硫酸锶则是在 0.20％的硫酸浸渍下表现出来的催化性能最好。

那么不同的酸浸渍时间是否会引起催化剂表面的酸性、酸量、酸强度的改变？依据催化剂酸量标定及脱水反应的实验结果，进一步考察了焦磷酸锶在磷酸中浸渍时间的影响。发现浸渍时间过短焦磷酸锶表面酸量增加不足，而浸渍时间过长则主要增加了催化剂表面较强酸位的酸量，使副产物乙醛的量增多，同样不利于乳酸脱水反应。而 0.10％的磷酸浓度浸渍 4h 是比较适合的。如表 2-20、表 2-21 所示，这也验证了乳酸脱水需要催化剂表面有一定的酸性且酸的强度不能过强。对于硫酸钡催化体系，H_0 介于 3.3～4.8 的酸量有助于乳酸脱水反应活性。而在锶催化体系，更狭窄范围内的酸量（H_0 介于 4.0～4.8）有助于乳酸脱水反应活性。

表 2-20　浸渍时间对焦磷酸锶表面酸量的影响

浸渍时间/h	催化剂酸密度分布/(mmol 正丁胺/g 催化剂)		
	+4.8(a)	+4.0(b)	+3.3(c)
	$4.0 < H_0 < 4.8$	$3.3 < H_0 < 4.0$	$1.5 < H_0 < 3.3$
0	0.009744	0.001611	—
2	0.007925	0.006223	—
4	0.012059	0.010111	—
8	0.011745	0.011019	—
10	0.009529	0.013601	—

注：Hammett 指示剂，a 为甲基红，b 为萘红，c 为二甲基黄；所有催化剂均在 500℃条件下焙烧 6h。

表 2-21　焦磷酸锶在 0.10％磷酸中不同浸渍时间对其催化性能的影响

浸渍时间/h	乳酸转化率/％	选择性/％				
		AA	PD	PA	PD	AC
0	95.0	49.3	25.9	11.3	2.8	2.3
2	100	50.1	26.0	11.1	2.7	2.1
4	100	62.5	26.1	6.2	2.1	2.2
8	100	47.1	29.0	7.4	1.8	2.0
10	100	34.3	31.5	6.4	1.4	2.6

注：焙烧温度，500℃；反应温度，400℃；催化剂用量 0.45～0.75g；粒径，20～40 目；载气 N_2，流速，1mL/min；20％ LA 溶液（质量分数）；进料速度，1mL/h。TOS，1～3h。

2.3.3　锶系催化剂的表征

锶系催化剂的表征主要用到了傅里叶红外（FT-IR）、X 射线衍射（XRD）、扫描电镜（SEM）、热重（TG-DSC）、物理吸附仪（BET）等现代仪器。

锶系催化剂 BET 测试结果如表 2-22 所示。焦磷酸锶（$Sr_2P_2O_7$）与硫酸锶

（$SrSO_4$）比表面积都非常小，分别为 $3.12m^2/g$ 和 $1.58m^2/g$。几种锶盐中硅酸锶的比表面积最大，为 $144.45m^2/g$，约为焦磷酸锶的 46 倍，但催化活性却没有出现相应的关系，说明锶系催化剂的催化性能与比表面积的关联不大。

表 2-22　催化剂 BET 数据

催化剂	比表面积/(m^2/g)	催化剂	比表面积/(m^2/g)
$Sr_2P_2O_7$	3.12	$SrSO_4$	1.58
$Sr_3(PO_4)_2$	30.14	Sr_2SiO_4	144.45

通过 Hammett 指示剂法可以知道，催化剂酸浸渍处理以后表面总酸量增加了，红外数据同样印证了这一点。图 2-14（a）酸处理前后焦磷酸锶红外谱

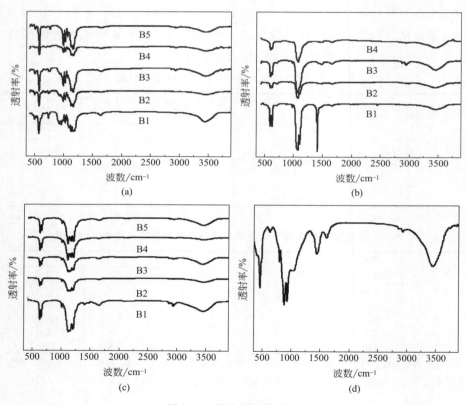

图 2-14　催化剂红外谱图

(a) B1 是未浸渍的焦磷酸锶，B2 是 0.05%磷酸（质量分数，后同）浸渍的焦磷酸锶，B3 是 0.10%磷酸浸渍的焦磷酸锶，B4 是 0.15%磷酸浸渍的焦磷酸锶，B5 是 0.20%磷酸浸渍的焦磷酸锶；(b) B1 是磷酸锶，B2 是 0.10%磷酸浸渍磷酸锶，B3 是 0.15%磷酸浸渍磷酸锶，B4 是 0.25%磷酸浸渍磷酸锶；(c) B1 是硫酸锶，B2 是 0.10%硫酸浸渍硫酸锶，B3 是 0.20%硫酸浸渍硫酸锶，B4 是 0.30%硫酸浸渍硫酸锶，B5 是 0.40%硫酸浸渍硫酸锶；(d) 硅酸锶

图吸收峰大致相同，2850cm^{-1}处的吸收峰归属于P—OH键伸缩振动。983cm^{-1}处的吸收峰归属于磷酸中P—O官能团的伸缩振动。说明磷酸已经被负载在焦磷酸锶载体表面。但以上两处吸收峰强度较小，说明负载的磷酸量非常有限，与Hammett指示剂测定结果非常吻合。图2-15（a）焦磷酸锶酸处理前后XRD谱图也非常一致，说明负载的磷酸高度分散在载体表面。

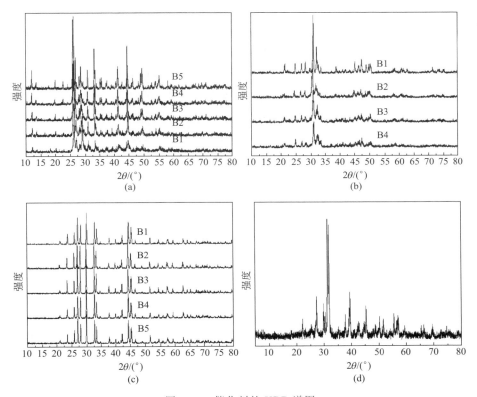

图2-15　催化剂的XRD谱图

注：催化剂XRD谱图中的（a）～（d）和图2-14红外谱图中的（a）～（d）对应

图2-14（b）中磷酸锶浸渍磷酸之后，原来在1390cm^{-1}处吸收峰强度极速变小，说明负载的磷酸与原磷酸锶之间有强相互作用。图2-15（b）其他位置衍射峰没有变化但在$2\theta=38.6°$衍射峰在浸渍磷酸之后强度变小，暗示催化剂结构发生微小变化。

对于硫酸锶，红外和XRD结果如图2-14（c）和图2-15（c）所示，可观察到红外的特征吸收带有轻微变化，XRD的特征衍射峰基本保持不变，这表明硫酸锶表面官能团有轻微变化，而体相结构保持不变。

通过焦磷酸锶扫描电镜图，（见图2-16）可以看到焦磷酸锶催化剂呈近球形颗粒状堆积而成，平均粒径在微米级范围，粒径分布很窄。

图 2-16　焦磷酸锶扫描电镜（SEM）

2.3.4　磷酸修饰焦磷酸锶催化乳酸制丙烯酸工艺条件优化

2.3.4.1　催化剂不同焙烧温度对反应的影响

本章硫酸钡、焦磷酸钡的实验已发现催化剂的焙烧温度对催化活性的影响比较显著，因此有必要考察磷酸修饰的焦磷酸锶催化剂焙烧温度对催化活性是否也存在重要影响。如表 2-23 所示，500℃焙烧后丙烯酸选择性最高，为 62.5%，如果将焙烧温度继续升高至 700℃丙烯酸选择性将有明显下降，降至 52.4%，同时乳酸转化率也有小幅降低。这可能是过高的焙烧温度使焦磷酸锶表面的化学环境受到破坏，合适酸位的酸量减少，从而导致催化性能下降。

表 2-23　焙烧温度的影响

焙烧温度/℃	乳酸转化率/%	选择性/%				
		AA	AD	PA	PD	AC
未焙烧	100	58.4	30.4	6.7	2.0	2.0
300	100	60.8	27.2	6.8	2.0	2.3
500	100	62.5	26.1	6.2	2.1	2.2
700	96.8	52.4	32.5	7.4	1.8	2.0

注：反应温度，400℃；催化剂用量，0.45~0.75g；粒径，20~40 目；载气，N$_2$，流速，1mL/min；20%（质量分数）LA 溶液；进料速度，1mL/h；各催化剂都经过 0.10%（质量分数）的磷酸浸渍 4h。TOS，1~3h。

2.3.4.2　反应温度对反应的影响

如图 2-17 所示，实验温度在 350～450℃，0.10％磷酸处理焦磷酸锶，发现在较低反应温度 350℃下乳酸脱水合成丙烯酸的选择性很高，但是乳酸的转化率却比较低。在选择反应温度时，需要同时考虑乳酸的最佳转化率和丙烯酸的选择性这两个量，当反应温度为 400℃时，乳酸转化率和丙烯酸选择性乘积即丙烯酸收率最大，约为 62％。此外，从图 2-17 中还可观察到 380℃时丙烯酸选择性为 72％，比 450℃时的 30％高，而副产物乙醛随反应温度升高，其选择性迅速提升。因此，优化的反应温度位于 380～400℃。

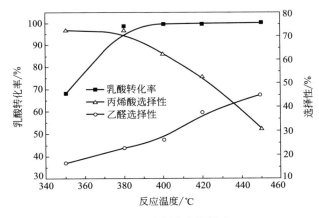

图 2-17　反应温度的影响

反应条件：催化剂的焙烧温度为 500℃，催化剂用量为 500mg，粒径为 20～40 目，
载气为 N_2 流速 1mL/min，进料为 20％（质量分数）LA 溶液，进料速度为 1mL/h；
催化剂经过 0.10％（质量分数）的磷酸浸渍 4h

2.3.4.3　不同浓度的乳酸溶液对反应的影响

为了选择一个合适的乳酸浓度就需要对不同浓度的乳酸溶液进行考察，结果如表 2-24 所示。从实验结果来看，乳酸浓度增加，催化反应性能有轻微降低。但总体而言，浓度对反应性能的影响极小，表明该催化剂对原料浓度有宽范围的适应性。

表 2-24　乳酸浓度的影响

乳酸(质量分数)/％	乳酸转化率/％	选择性/％				
		AA	AD	PA	PD	AC
10	100.0	65.2	24.1	5.4	2.0	1.3
15	100.0	64.8	24.5	6.1	2.1	1.3

乳酸(质量分数)/%	乳酸转化率/%	选择性/%				
		AA	AD	PA	PD	AC
20	100.0	62.5	26.1	6.2	2.1	2.2
30	100.0	59.8	28.3	6.7	2.1	1.3
40	98.8	58.5	29.1	6.8	3.9	1.0
50	98.2	58.4	29.9	6.9	4.0	1.0

注:催化剂的焙烧温度,500℃;催化剂用量,500mg;粒径,20～40目;载气,N_2,流速,1mL/min;进料速度,1mL/h;催化剂经过0.10%(质量分数)的磷酸浸渍4h。TOS,1～3h。

2.3.4.4 载气流速和进料速度对脱水反应的影响

载气流速过快同样会使乳酸与催化剂的接触时间变短,引起与乳酸进料速度一样的问题。如图2-18所示,载气流速提高至4mL/min,乳酸转化率仍高达99%左右。随着载气流速的增快丙烯酸的选择性也随之增加,载气流速从0.5mL/min升高至2.0mL/min,丙烯酸选择性从62.1%升高至69.8%。而当载气流速高于2.0mL/min之后,丙烯酸的选择性仅有少量增加,并且趋于稳定,这时的载气流速被认为是最佳载气流速。

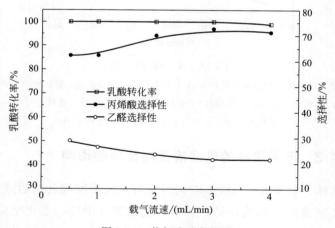

图2-18 载气流速的影响

反应条件:催化剂的焙烧温度为500℃,催化剂用量为590mg,粒径为20～40目,20%(质量分数)LA溶液,进料速度为1mL/h;催化剂经过0.10%(质量分数)的磷酸浸渍4h

脱水反应在400℃进行,乳酸进料速度考察范围为0.5～4.0g/h,对应液空速WHSV(质量空速)=0.85～5.08h^{-1},载体为氮气,流速为1mL/min,乳酸水溶液浓度为20%,结果如图2-19所示。整个范围内乳酸转化率略微下降，从100％变化为94.5％。焦磷酸锶比表面积（3.12m²/g），与硫酸钡（3.36m²/g）、焦磷酸钡（1.57m²/g）在同一水平，同样存在催化剂表面活性位点有限的问题。乳酸溶液空速从0.85h⁻¹增大到2.54h⁻¹，对应丙烯酸选择性从58％升至71％，之后再继续增大乳酸液空速，丙烯酸选择性基本维持不变，副产物乙醛的选择性轻微下降。相对其他副反应，焦磷酸锶催化乳酸脱水生成丙烯酸的主反应是一个比较快速的反应。

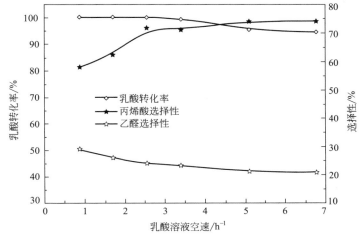

图 2-19 液空速的影响

反应条件：催化剂的焙烧温度，500℃；催化剂用量，590mg；粒径，20～40目；载气 N₂，流速为1mL/min；20％（质量分数）LA 溶液；催化剂经过0.10％（质量分数）的磷酸浸渍4h

2.3.5 催化剂稳定性测试

催化剂稳定性测试是在优化工艺条件下完成的，相关实验条件：最佳反应温度为400℃、最佳进料速度为1mL/h等。

如图 2-20 所示，初始4h焦磷酸锶催化活性很高也非常稳定。然而反应时间超过4h之后，乳酸转化率有所下降，但丙烯酸选择性下降更急剧。催化活性稳定运行时间不足30h，与焦磷酸催化剂接近，比前述的硫酸钡差。随后对失活后的催化剂进行分析，发现失活的主要原因有两个：表面积炭使催化剂表面的活性位点被炭覆盖，以及催化剂上所修饰形成的活性位的流失。

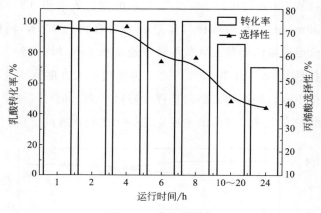

图 2-20　稳定性测试

反应条件：反应温度，400℃；催化剂的焙烧温度，500℃；催化剂用量，500mg；粒径，20～40目；

载气，N_2，流速1mL/min；20%（质量分数）LA溶液；进料速度，1mL/h；

催化剂经过0.10%（质量分数）的磷酸浸渍4h

2.4　乳酸脱水的反应机理

结合前面的实验结果、相应的表征，以及相关文献[6,7,14,15,17]，以焦磷酸钡为例，推测了乳酸脱水反应的机理可能如下，如图2-21所示。

催化剂的酸中心（L酸位）与乳酸的羧基结合后，释放出一个质子，质

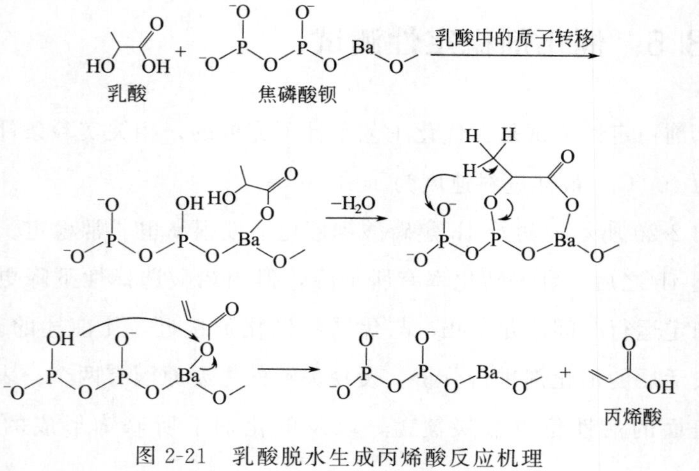

图 2-21　乳酸脱水生成丙烯酸反应机理

子转移到催化剂的碱中心形成 P—OH 羟基；在催化剂表面形成的 P—OH 羟基和乳酸的醇羟基作用，失去一分子水，形成"七元环"过渡态。该过渡态不稳定，发生电子转移、质子转移等一系列过程，最终形成产物丙烯酸。

值得注意的是，催化剂的酸性强弱是影响乳酸脱水的重要因素。当酸强度超过了脱水反应的要求，就不会发生脱水反应，而会发生更多的副反应如脱羧反应等[38,39]。

本 章 小 结

本章围绕乳酸脱水制备丙烯酸目标反应，依所用脱水催化剂不同而展开实验工作，主要分为以下三部分内容。

第一部分考察了硫酸钡、硫酸镁、硫酸锌、硫酸铝、硫酸镍和硫酸钙六种金属硫酸盐，发现硫酸钡催化性能最好。通过 Hammett 指示剂方法表征发现，乳酸脱水反应和催化剂表面的酸性强弱有关。碱土金属硫酸盐因具有合适的酸性位（H_0 介于 3.3～4.8），表现出了良好的活性；但其稳定性存在差别，硫酸钡稳定性表现最佳。在 400℃ 反应条件下，乳酸接近 100% 转化，丙烯酸选择性达 74.0%。

第二部分以 $Ba_2P_2O_7$、$Ba_3(PO_4)_2$ 以及两者复配物催化乳酸脱水为研究对象。借助于 NH_3-TPD 方法对催化剂的酸性进行了表征，发现拥有更多"弱-中等酸性位比例"的焦磷酸钡效果优于其他两种情况，这一结果基本与第一部分内容吻合。在 400℃ 反应条件下，乳酸接近 100% 转化，丙烯酸选择性达 76%。

第三部分考察了酸浸渍前后焦磷酸锶和磷酸锶、硫酸锶和硅酸锶催化乳酸脱水活性，以磷酸浸渍的焦磷酸锶效果最好。这部分内容基于前面两部分内容的研究，采用酸增强手段提升催化剂表面的酸性。采用 Hammett 指示剂方法对这些催化剂进行了表征，发现更狭窄范围内酸位（H_0 介于 4.0～4.8）有助于乳酸脱水反应进行。在 380℃ 反应条件下，乳酸接近 100% 转化，丙烯酸选择性达 72%。

尽管本章研究的三个催化剂体系的初始活性接近，但稳定性存在明显差别，稳定性顺序：硫酸钡＞焦磷酸钡＞磷酸修饰的焦磷酸锶。

参 考 文 献

[1] 徐鑫，陈骁，咸漠. 化工进展，2015，34（11）：3825-3831.

[2] Tang C M, Zeng Y, Cao P, et al. Catal Lett, 2009, 129 (1-2)：189-193.

[3] Tang C M, Zeng Y, Yang X G, et al. J Mol Catal A-Chem, 2009, 314 (1-2)：15-20.

[4] Holmen RE. USP 2859240, 1958.

[5] Zhang J F, Lin J P, Cen P L. Can J Chem Eng, 2008, 86 (6)：1047-1053.

[6] Yan B, Tao L Z, Mahmood A, et al. ACS Catal, 2017, 7 (1)：538-550.

[7] Zhang X H, Lin L, Zhang T, et al. Chem Eng J, 2016, 284：934-941.

[8] Yan B, Mahmood A, Liang Y, et al. Catal Today, 2016, 269：65-73.

[9] Lari G M, Puertolas B, Frei M S, et al. ChemCatChem, 2016, 8 (8)：1507-1514.

[10] Zhang J F, Zhao Y L, Pan M, et al. ACS Catal, 2011, 1 (1)：32-41.

[11] Sun P, Yu D H, Fu K M, et al. Catal Commun, 2009, 10 (9)：1345-1349.

[12] Yan B, Tao L Z, Liang Y, et al. Chem Sus Chem, 2014, 7 (6)：1568-1578.

[13] Zhang J F, Zhao Y L, Feng X Z, et al. Catal Sci Technol, 2014, 4 (5)：1376-1385.

[14] Guo Z, Theng D S, Tang K Y, et al. Phys Chem Chem Phys, 2016, 18 (34)：23746-23754.

[15] Yan B, Tao L Z, Liang Y, et al. ACS Catal, 2014, 4 (6)：1931-1943.

[16] Matsuura Y, Onda A, Yanagisawa K. Catal Commun, 2014, 48：5-10.

[17] Ghantani V C, Lomate S T, Dongare M K, et al. Green Chem, 2013, 15 (5)：1211-1217.

[18] Matsuura Y, Onda A, Ogo S, et al. Catal Today, 2014, 226：192-197.

[19] Blanco E, Delichere P, Millet J M M, et al. Catal Today, 2014, 226：185-191.

[20] Tang C M, Peng J S, Li X L, et al. RSC Adv, 2014, 4 (55)：28875-28882.

[21] Tang C M, Peng J S, Fan G C, et al. Catal Commun, 2014, 43：231-234.

[22] Peng J S, Li X L, Tang C M, et al. Green Chem, 2014, 16 (1)：108-111.

[23] Lyu S, Wang T F. RSC Adv, 2017, 7 (17)：10278-10286.

[24] Li X L, Chen Z, Cao P, et al. RSC Adv, 2017, 7 (86)：54696-54705.

[25] Katryniok B, Paul S, Dumeignil F. Green Chem, 2010, 12 (11)：1910-1913.

[26] Sad M E, Pena L F G, Padro C L, et al. Catal Today, 2018, 302：203-209.

[27] Hong J H, Lee J M, Kim H, et al. Appl Catal A-Gen, 2011, 396 (1-2)：194-200.

[28] Tam M S, Craciun R, Miller D J, et al. Ind Eng Chem Res, 1998, 37 (6)：2360-2366.

[29] Wadley D C, Tam M S, Kokitkar P B, et al. J. J Catal, 1997, 165 (2)：162-171.

[30] Tam M S, Gunter G C, Craciun R, et al. Ind Eng Chem Res, 1997, 36 (9)：3505-3512.

[31] Gunter G C, Craciun R, Tam M S, et al. J Catal, 1996, 164 (1)：207-219.

[32] Gunter G C, Langford R H, Jackson J E, et al. Ind Eng Chem Res, 1995, 34 (3)：974-980.

[33] Gunter G C, Miller D J, Jackson J E. J Catal, 1994, 148 (1)：252-260.

[34] Fan G C, Tang C M, Li X L. 分子催化，2012，26（6）：506-514.

[35] Zhang P, Chen C J, Kang X C, et al. Chem Sci, 2018, 9 (5)：1339-1343.

[36] Yan J, Yu D H, Sun P, et al. Chin J Catal, 2011, 32 (3)：405-411.

[37] Yan J，Yu D H，Li H，et al. J Rare Earths，2010，28 (5)：803-806.

[38] Wang H J，Yu D H，Sun P，et al. Catal Commun，2008，9 (9)：1799-1803.

[39] Serrano-Ruiz J C，Dumesic J A. Chem Sus Chem，2009，2 (6)：581-586.

第 3 章

乳酸脱羧反应合成乙醛

迄今，在乳酸催化转化中，大量的文献在研究乳酸脱水反应制备丙烯酸，而很少有文献研究乳酸脱羰或者脱羧反应制备乙醛。实际上，要想提升乳酸脱水制备丙烯酸的选择性，也必须要弄清楚乳酸脱羰反应，因为它是乳酸脱水伴生的主要副反应。同时乳酸脱羰合成乙醛反应，本身也具有重要意义，因为乙醛作为化工中间体有着非常广泛的应用。乳酸脱羰或脱羧反应制乙醛的化学反应式如图 3-1 所示。

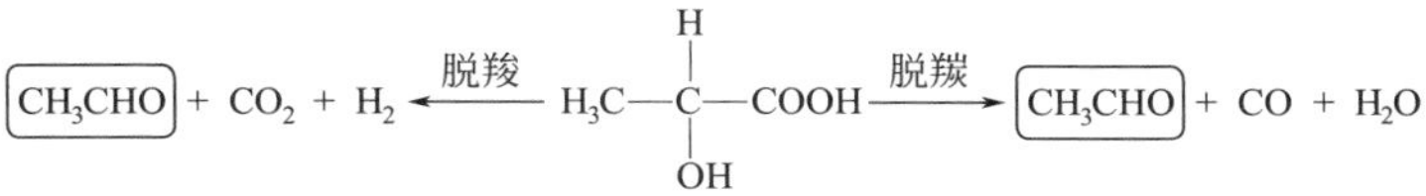

$$\boxed{CH_3CHO} + CO_2 + H_2 \xleftarrow{\text{脱羧}} H_3C-\overset{\displaystyle H}{\underset{\displaystyle OH}{C}}-COOH \xrightarrow{\text{脱羰}} \boxed{CH_3CHO} + CO + H_2O$$

图 3-1　乳酸脱羰或脱羧制备乙醛反应式

第一篇针对乳酸制乙醛的研究工作发表于 2010 年。该工作采用了二氧化硅担载杂多酸作为催化剂，通过气固催化方式催化乳酸脱羰反应合成乙醛，乳酸转化率达到 91%，乙醛收率达到 81%～83%[1]。但文中缺少对催化剂稳定性的研究，而且也缺少对乳酸脱羰反应活性与催化剂的酸性之间关系的研究。

在本章工作中，分别以金属硫酸盐和杂多酸、介孔磷酸铝、镁铝尖晶石、镁铝复合氧化物、磷酸铈为催化剂，重点考察催化剂的酸碱性与乳酸脱羰反应活性之间的关系。其中，在介孔磷酸铝、镁铝尖晶石、镁铝复合氧化物、磷酸铈催化剂部分，考察了催化剂的制备方法对催化剂酸碱性的影响，为高性能催化剂的可控构筑积累了经验。此外，还考察了反应工艺条件如反应温度、乳酸浓度、乳酸进料液空速和反应时间对乳酸脱羰反应的影响。为进一步揭示催化剂结构与催化活性之间的相互关系，利用傅里叶红外（FT-IR）、X 射线衍射仪（XRD）、SEM/TEM、NH_3-TPD/CO_2-TPD、TG 等表征方法对催化剂进行了表征，并对结果予以分析讨论。

3.1　硫酸铝催化乳酸脱羰反应制备乙醛

3.1.1　金属硫酸盐和杂多酸的制备

催化转化乳酸制乙醛的硫酸盐与杂多酸催化剂直接采用市售分析

纯药品，再经过干燥、焙烧、粉末压片、造粒、筛分等步骤，密封待用。

3.1.2 金属硫酸盐和杂多酸催化性能考察与分析

在酸性催化剂中，固体酸与液体酸相比具有许多优良的性能，如在高温下稳定、容易分离、对设备的腐蚀性低等。在此，选择了硫酸钡、硫酸镍、硫酸铝和硫酸铁四种硫酸盐，以及硅钨酸、磷钼酸两种杂多酸来催化乳酸脱羰反应，对催化剂性能进行考察与分析，实验结果详见表3-1。

乳酸脱羰反应在常压下进行，反应温度为380℃。乳酸转化率基本不受硫酸盐种类影响。硅钨酸和磷钼酸上乳酸转化率偏低，可能是催化剂表面积炭导致活性位减少所致。相对于乳酸转化率，不同固体酸所得乙醛选择性大有不同，硫酸钡最低（18.7%），硅钨酸最高（87.5%）。

根据催化剂 NH_3-TPD 数据（见表3-3）分析，总酸量从小到大的顺序为：$BaSO_4 < Al_2(SO_4)_3 < Fe_2(SO_4)_3 < H_4[SiW_{12}O_{40}] < H_3[PMo_{12}O_{40}]$，杂多酸酸量高于硫酸盐。对于硫酸镍而言，因为硫酸镍中的 Ni^{2+} 易于和氨发生络合，硫酸镍比表面积也远远大于硫酸铝（见表3-3），因此虽然有文献指出硫酸镍酸性弱于硫酸铝[2]，但最终硫酸镍在 NH_3-TPD 测试中吸附到更多的氨。

当催化剂表面中等强度酸位酸量增加时，尤其是硫酸铝，其乙醛选择性也相应增加。然而，酸性过强也可能会适得其反，非但不能提升乙醛选择性，还容易使 C—C 键断裂导致催化剂表面积炭和结焦，如磷钼酸和硅钨酸这两种杂多酸催化乳酸脱羰反应的实验结果。文献[1]以 CARiACT Q-15 担载硅钨酸催化乳酸脱羰反应，得到乳酸转化率为91%，乙醛收率为81%，其中硅钨酸负载量少，催化剂表面酸密度低是主要原因。磷钼酸和硫酸铁的实验结果中丙酸量较大，这可能是从乳酸或丙烯酸加氢反应而来。有趣的是，乙酸的量也较大。由此推测磷钼酸和硫酸铁具有氧化还原特性，尤其是磷钼酸[3,4]。进一步分析氢的来源，由于反应体系没有提供外部氢，这里氢必来源于乳酸脱羰或脱羧反应。利用气相色谱对反应尾气进行分析，磷钼酸和硫酸铁的尾气中 CO_2 量多于 CO，硫酸铝正好相反，尾气中 CO 量多于 CO_2。因此推测，对于磷钼酸和硫酸铁，产物乙醛的形成主要通过脱羧反应；对于硫酸铝，产物乙醛的形成则主要通过脱羰反应。

表 3-1　金属硫酸盐和杂多酸催化乳酸脱羧反应制备乙醛催化性能[①]

催化剂	乳酸转化率/%	选择性/%[②]				
		AD	PA	AC	AA	PD
$BaSO_4$	99.7	18.7	6.1	1.3	72.1	0.6
$NiSO_4$	99.8	54.1	3.6	1.6	13.7	0.7
$Al_2(SO_4)_3$	100	86.7	2.5	1.3	3.2	0.9
$Fe_2(SO_4)_3$	100	35.7	18.5	2.0	6.2	1.0
$H_4[SiW_{12}O_{40}]$	81.0	87.5	4.1	1.9	1.3	0.3
$H_3[PMo_{12}O_{40}]$	90.0	69.1	22.1	3.8	2.1	1.1

① 催化剂焙烧温度为500℃，但磷钼酸和硅钨酸未焙烧；反应温度为380℃。催化剂用量分别为：$BaSO_4$，0.69g；$NiSO_4$，0.47g；$Al_2(SO_4)_3$，0.39g；$Fe_2(SO_4)_3$，0.40g；$H_4[SiW_{12}O_{40}]$，1.03g；$H_3[PMo_{12}O_{40}]$，0.62g。催化剂粒径为20～40目，载气流速为1mL/min，原料为20%（质量分数）乳酸水溶液，进样速度为1mL/h。

② AD，乙醛；PA，丙酸；AC，乙酸；AA，丙烯酸；PD，2,3-戊二酮。

反应温度也是影响产物选择性的重要因素之一，为此在300℃和350℃进行反应，并与380℃结果一同列于表3-2。300℃时硫酸铁具有较高的催化活性，但高活性持续时间短，乳酸转化率几小时内就迅速降低（见图3-2）。

表 3-2　在不同反应温度下金属硫酸盐反应活性考察[①]

催化剂	反应温度/℃	乳酸转化率/%	乙醛选择性/%
$BaSO_4$	380	99.7	18.7
	350	55.2	17.1
	300	17.5	16.2
$NiSO_4$	380	99.8	54.1
	350	99.6	78.2
	300	76.5	88.1
$Al_2(SO_4)_3$	380	100	86.7
	350	95.0	89.2
	300	77.5	93.1
$Fe_2(SO_4)_3$	380	100	35.7
	350	100	67.8
	300	99.0	90.1

① 催化剂焙烧温度为500℃，催化剂用量为0.39～0.60g，催化剂粒径为20～40目，载气流速为1mL/min，原料为20%（质量分数）乳酸水溶液，进样速度为1mL/h。

通过对四种金属硫酸盐和两种杂多酸进行筛选，发现硫酸铝表面有中等酸密度和酸强度，更适合乳酸脱羧反应。

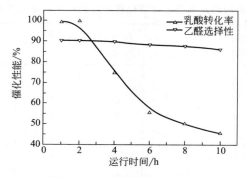

图 3-2 硫酸铁催化剂稳定性

反应条件：反应温度为 300℃，硫酸铁用量为 0.37g，催化剂粒径为 20~40 目，
载气流速为 1mL/min，原料为 20%（质量分数）乳酸水溶液，进样速度为 1mL/h

3.1.3 催化剂表征

3.1.3.1 傅里叶红外（FT-IR）和 X 射线粉末衍射（XRD）

硫酸铝催化剂样品的傅里叶红外和 X 射线粉末衍射结果分别见图 3-3 和

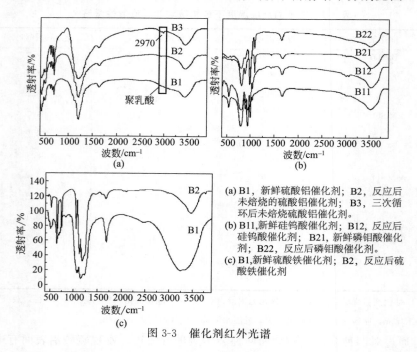

(a) B1，新鲜硫酸铝催化剂；B2，反应后
未焙烧的硫酸铝催化剂；B3，三次循
环后未焙烧硫酸铝催化剂。
(b) B11，新鲜硅钨酸催化剂；B12，反应后
硅钨酸催化剂；B21，新鲜磷钼酸催化
剂；B22，反应后磷钼酸催化剂。
(c) B1，新鲜硫酸铁催化剂；B2，反应后硫
酸铁催化剂

图 3-3 催化剂红外光谱

图 3-4。对比硫酸铝反应前后的红外光谱，反应后样品在 2970cm^{-1} 处出现一

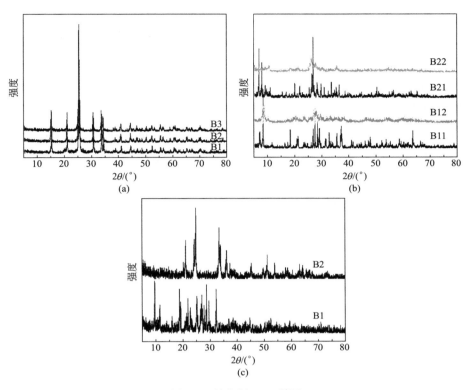

图 3-4　催化剂 XRD 谱图

图中催化剂说明见图 3-3

个弱吸收峰归属于聚乳酸，表明有少量乳酸在催化剂表面发生聚合[5]。反应前后硫酸铝 XRD 谱图一致性好，如图 3-4（a）所示，表明生成的聚乳酸高度分散在硫酸铝表面，部分覆盖了硫酸铝表面的活性位点，造成反应活性下降。

两种杂多酸样品红外谱图和 X 射线粉末衍射谱图分别见图 3-3（b）和图 3-4（b）。在红外光谱图中，反应过后的磷钼酸在 $2970cm^{-1}$ 处无明显吸收峰，表明磷钼酸上反应活性下降与聚乳酸对活性位的覆盖无关，失活的主要原因可能是催化剂表面强酸位导致积炭，覆盖了活性位点。比较杂多酸反应前后 XRD 谱图发现两图存在明显差异，这表明 380℃反应后杂多酸结构已被破坏。反应后的杂多酸 X 射线衍射峰较为粗糙，进一步说明杂多酸表面发生了严重积炭。

反应前后硫酸铁样品红外谱图和 X 射线粉末衍射谱见图 3-3（c），反应后硫酸铁在 $2970cm^{-1}$ 处无明显吸收，表明催化剂失活不是由聚乳酸所致。

3.1.3.2　氨气吸脱附(NH₃-TPD)和全自动氮气吸脱附(BET)

NH₃-TPD 谱图如图 3-5 所示，表面酸量见表 3-3。镍盐与 NH₃ 具有很强的配位作用，极易形成六氨基镍盐，但温度高于 450℃后会完全分解，见图 3-5 中 B2。除硫酸镍外，其他催化剂表面总酸量排序如下：$BaSO_4$ < $Al_2(SO_4)_3$ < $Fe_2(SO_4)_3$ < $H_4[SiW_{12}O_{40}]$ < $H_3[PMo_{12}O_{40}]$。

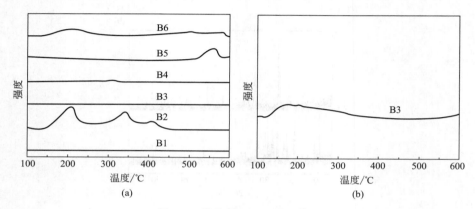

图 3-5　催化剂 NH₃-TPD 谱图

(a) B1—$BaSO_4$；B2—$NiSO_4$；B3—$Al_2(SO_4)_3$；B4—$Fe_2(SO_4)_3$；

B5—$H_4[SiW_{12}O_{40}]$；B6—$H_3[PMo_{12}O_{40}]$。(b) NH₃-TPD B3 放大谱图

表 3-3　催化剂 NH₃-TPD 表征结果

催化剂	酸量/(μmol/g)			总酸量/(μmol/g)
	弱(100~200℃)	中(200~400℃)	强(400~600℃)	
$BaSO_4$	9.7	11.8	3.6	25.1
$NiSO_4$	2600.7	1719.1	1858.8	6178.6
$Al_2(SO_4)_3$	31.8	10.9	45.0	87.7
$Fe_2(SO_4)_3$	69.6	289.1	157.0	515.7
$H_4[SiW_{12}O_{40}]$	306.1	114.7	1461.2	1882.0
$H_3[PMo_{12}O_{40}]$	472.5	1901.0	1555.5	3929.0

催化剂 BET 结果如表 3-4 所示，所有金属硫酸盐测试样品都具有较小的比表面积。结合前面表 3-1 的活性数据，显然对于这些金属硫酸盐而言，催化活性高低不在于比表面积大小，而在于其他性能如表面酸性。

表 3-4 催化剂 BET 数据

催化剂	比表面积/(m²/g)	催化剂	比表面积/(m²/g)
$Al_2(SO_4)_3$	1.7	$Fe_2(SO_4)_3$	16.6
$NiSO_4$	15.4	$H_4[SiW_{12}O_{40}]$	2.9
$BaSO_4$	3.3	$H_3[PMo_{12}O_{40}]$	18.0

3.1.3.3 扫描电镜(SEM)

图 3-6 展示了反应前后硫酸铝的扫描电镜图像，两图中催化剂表面形貌无明显变化，表明硫酸铝在反应过程中具有良好的稳定性。

(a) 新鲜催化剂   (b) 反应后催化剂

图 3-6 硫酸铝催化剂 SEM

3.1.4 硫酸铝催化乳酸制备乙醛的工艺条件优化

本小节反应皆以硫酸铝催化剂用量为 0.39～0.40g，焙烧温度为 500℃，粒径为 20～40 目，N_2 作为载气，流速为 1mL/min，进料速度为 1mL/h 的反应条件，改变反应温度、乳酸浓度、液空速对反应进行探讨。

3.1.4.1 反应温度的影响

脱羰反应中反应温度设置和催化剂有关。催化剂表面酸性强所需反应温度较低，例如，CARiACT Q-15 负载硅钨酸催化乳酸脱羰反应只需要 275℃[1]。催化剂表面酸性弱，脱羰反应需要的反应温度随之提高。硫酸铝比 CARiACT Q-15 负载硅钨酸催化剂酸性弱，在 300℃ 以上反应才具有较好的结果。

反应温度对硫酸铝催化性能影响如表 3-5 所示，可以看出催化活性对温度变化比较敏感。当反应温度从 300℃ 升高至 380℃ 时，乳酸转化率从

77.5%升至100%，反应温度高于380℃可认为乳酸全部转化。产物选择性也极大地受到反应温度影响。升高反应温度的同时乙醛选择性下降，副产物丙酸和乙酸的选择性则有所升高。特别是420℃时丙酸和乙酸选择性都有大幅提高，这表明有乳酸或丙烯酸加氢反应发生，即高温时部分乙醛是通过乳酸脱羰反应得到，而另一部分乙醛则是通过乳酸脱羧而来，并伴随氢气产生。除此之外，高水热环境可能对硫酸铝稳定性有影响[6]。所以，选定380℃为硫酸铝催化乳酸脱羰反应的最佳反应温度。

表 3-5　反应温度的影响①

反应温度/℃	乳酸转化率/%	选择性/%				
		AD	AA	PA	PD	AC
300	77.5	93.1	2.3	0.8	1.0	1.3
350	95.0	89.2	3.0	2.1	1.1	1.4
380	100	86.7	3.2	2.5	0.9	1.3
420	100	72.4	3.5	15.6	1.0	5.4

① 原料为20%乳酸水溶液。

3.1.4.2　乳酸浓度的影响

在380℃考察了乳酸浓度对硫酸铝催化性能的影响，结果见表3-6，乳酸的转化率几乎不变，乙醛选择性受乳酸浓度影响相对较大。当进料乳酸浓度由10%升至30%时，乙醛选择性由78.5%升至88.6%；进一步升高乳酸浓度再不能提升乙醛选择性。进料中乳酸浓度变化对副产物的影响又有所不同，其中，乙酸和丙酸的选择性随乳酸浓度增加而降低，丙烯酸和2,3-戊二酮基本不受影响。基于以上乳酸浓度的系列实验结果，推测提高乳酸浓度有利于乳酸脱羰反应，不利于乳酸脱羧反应。进料中乳酸浓度高可抑制丙酸生成，乙酸和丙酸有类似规律。乳酸浓度变化对丙烯酸和2,3-戊二酮选择性的影响非常小。

表 3-6　乳酸浓度的影响

乳酸浓度(质量分数)/%	乳酸转化率/%	选择性/%				
		AD	AA	PA	PD	AC
10	100	78.5	4.5	8.7	1.2	3.1
15	100	82.7	5.0	6.1	1.0	2.7
20	100	86.7	3.2	2.5	0.9	1.3
30	100	88.6	4.1	1.8	1.4	1.5
40	100	87.7	3.7	1.0	1.3	1.6

3.1.4.3　液空速的影响

液空速是评价固体催化剂的一个至关重要的因素，考察了 $1.3 \sim 53.5 h^{-1}$ 范围内乳酸进料液空速对硫酸铝催化乳酸反应性能的影响（见表 3-7）。

表 3-7　液空速影响

乳酸液空速/h^{-1}	乳酸转化率/%	选择性/%				
		AD	AA	PA	PD	AC
1.3	100	85.7	2.8	4.8	2.2	2.1
2.7	100	86.7	3.2	2.5	0.9	1.3
4.1	100	91.0	3.0	1.7	1.2	1.4
7.3	100	91.6	2.8	1.5	0.6	1.2
12.2	100	92.1	2.3	1.2	0.4	1.2
20.1	100	88.7	2.3	0.8	0.2	1.1
31.2	100	88.7	2.1	0.6	0.2	1.0
37.1	97	88.9	2.0	0.7	0.2	0.9
42.4	89	88.3	2.3	0.7	0.3	1.0
53.5	85	88.9	3.0	0.8	0.1	1.2

反应在 380℃ 下进行，其他反应条件如载气（N_2）流速（1mL/min）和乳酸浓度［20%（质量分数）］保持不变。在表 3-7 中可以清晰地看到当乳酸液空速从 $1.3 h^{-1}$ 升至 $12.2 h^{-1}$，原料乳酸与催化剂接触时间缩短，乙醛选择性从 85.7% 升至 92.1%，副产物丙酸和 2,3-戊二酮选择性则降低，说明乳酸脱羰生成乙醛的反应快于生成丙酸和戊二酮的反应。反应在 380℃、LHSV≤$37.1 h^{-1}$ 范围内进行，乳酸几乎完全转化，乙醛选择性接近 90%。

依据文献[5]所述方法，将乙醛的时空产率 YTS 与乳酸液空速 LHSV 作图，如图 3-7 所示，乙醛的时空收率随着乳酸液空速的增加而迅速增加。但是，当 LHSV≥$37.1 h^{-1}$ 时有剩余乳酸出现，LHSV＝$53.5 h^{-1}$ 时乳酸剩余量为 15%。发现乳酸生成乙醛的脱羰或脱羧反应的液空速远高于乳酸生成丙烯酸的脱水反应。例如，在 Na_2HPO_4 修饰的 NaY 型分子筛在 340℃ 催化乳酸脱水反应中，当乳酸液空速为 $1.8 h^{-1}$ 时乳酸剩余量就达到 16%，乳酸液空速为 $3.2 h^{-1}$ 时乳酸剩余量升至 26.2%[5]。这表明乳酸脱羰或脱羧反应快于乳酸脱水反应，解释了为什么由乳酸脱水反应制丙烯酸时副产物中总是含有乙醛。

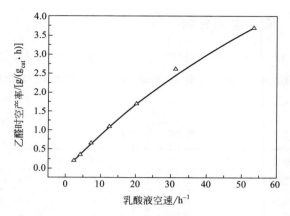

图 3-7　乳酸液空速与乙醛时空产率的关系

3.1.4.4　催化剂稳定性和再生性测试

在反应温度为 380℃，LHSV＝2.7h^{-1}，乳酸浓度为 20％（质量分数），条件下考察了硫酸铝催化剂上三次反应-再生循环过程中催化稳定性随时间的变化关系，见图 3-8。图 3-8 中第一次循环中，新鲜硫酸铝上前 10h 乳酸转化率达到

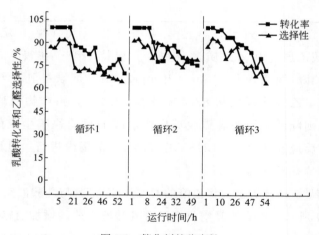

图 3-8　催化剂的稳定性

反应条件：硫酸铝催化剂，0.39～0.40g；焙烧温度，500℃；粒径，20～40 目；
N$_2$ 作为载气，流速，1mL/min；乳酸作为原料，20％水溶液；进料速度，1mL/h

100％，之后乳酸转化率缓慢降低，反应 54h 后乳酸转化率降至 70％。乙醛的选择性变化规律与乳酸转化率相似，也随着反应时间的延长而逐渐降低。

　　猜想硫酸铝催化乳酸脱羰或脱羧活性下降是由于聚乳酸或积炭覆盖了催

化剂表面活性位点，是暂时性失活。为了验证这一点，循环 1 中乳酸转化率低至 70％就停止反应，将催化剂在 500℃空气氛围中焙烧 6h 完成再生，然后进行第二次反应循环，循环 3 亦如此。图 3-8 循环 2 和循环 3 中硫酸铝催化活性基本得到恢复。

3.2 介孔磷酸铝的制备及催化乳酸 制备乙醛

如前所述硫酸盐的比表面积比较小，尤其是硫酸铝。探索高比表面积、酸性适中的催化材料，对提升脱羧反应具有重要意义。本节将重点介绍具有较高表面积的磷酸铝催化材料对脱羧反应的影响。

3.2.1 介孔磷酸铝的制备

磷酸铝的不同制备方法所形成的表面形貌是不一样的，催化剂的催化性能跟催化剂表面是息息相关的。本节采用了三种方法制备磷酸铝，具体制备方法如下。

称取 $Al(NO_3)_3 \cdot 9H_2O$ 11.25g、85％（质量分数）的磷酸 3.24g，与水形成摩尔比为 1∶1∶80 的溶液，用 25％（质量分数）的氨水调节 pH 值约为 5，在 80℃的条件下快速搅拌直到变为白色胶状物为止，取出白色胶状物在 80℃条件下干燥，焙烧，焙烧设置程序常温到 250℃（约 5℃/min），保持 2h，再以 5℃/min 的速率升温到 550℃，保持 4h，取出待用，标记为 MAP3。

按摩尔比为 1∶1∶1∶86 分别称取硝酸铝、柠檬酸、磷酸、水混合于一个反应器中，加热搅拌，反应温度为 80℃，并用氨水调节 pH 值约为 5，待反应溶液变成透明状黏稠物后，在 100℃条件下干燥，焙烧，将碳去除，形成介孔磷酸铝，标记为 MAP2。

按摩尔比为 1∶1 直接称取硝酸铝和磷酸，在 80℃条件下生成磷酸铝沉淀，将沉淀过滤洗涤干燥，焙烧待用，标记为 MAP1。

3.2.2 不同方法制备磷酸铝及其催化性能

催化剂的初始活性如图 3-9 所示，可以发现三种不同方法制备的磷酸铝初始活性有一定差距，以 MAP2 和 MAP3 为佳。

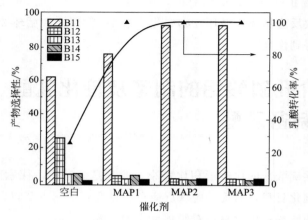

图 3-9　不同方法制备磷酸铝的催化活性

反应条件：催化剂用量：MAP1，0.1306g；MAP2，0.1355g；MAP3，0.1300g；反应温度为 380℃，

进料速度为 1mL/h，载气 N_2 流速为 1mL/min，催化剂粒径为 20～40 目。B11 为乙醛，

B12 为丙酸，B13 为乙酸，B14 为丙烯酸，B15 为 2,3-戊二酮

3.2.3　几种磷酸铝的表征

三种磷酸铝因为制备方法不一样表现出不同的催化初始活性，为了弄清楚这个问题，对其进行了表征。表征方法主要有傅里叶红外（FT-IR）、X 射线衍射（XRD）、扫描电镜（SEM）、热重（TG-DSC）、物理吸附仪（BET）、化学吸附（NH_3-TPD）。

按照前节一般硫酸铝催化剂实验中的经验，首先通过化学吸附仪测定催化剂表面的酸性及酸量。三种磷酸铝表面酸量标定结果并不相同，如表 3-8 和图 3-10 所示，MAP1 表面的酸量是最少的，其次是 MAP2，表面酸量最多的是 MAP3。这也验证了乳酸脱羧是一个酸催化过程。因为三种不同制备方法可能造成比表面积的不一样，随之进行了比表面积测定。比表面积测定结果如表 3-9 所示，MAP1 的比表面积为 74.8m²/g，MAP2 的比表面积为 40.8m²/g，MAP3 的比表面积为 171.1m²/g。三种磷酸铝比表面积差距比较大，但单位面积的酸量差距不大，这和反应的实验结果吻合。三种磷酸铝的全孔数据分析发现它们的孔径、孔容是不相同的，这可能造成了催化活性的不同。

表 3-8　磷酸铝 NH$_3$-TPD 结果

催化剂	酸密度/(mmol/g)		总酸密度/(mmol/g)
	弱-中酸位(150~400℃)	强酸位(400~600℃)	
MAP1	1.08	0.28	1.36
MAP2	2.18	0.49	2.67
MAP3	3.42	0.47	3.89

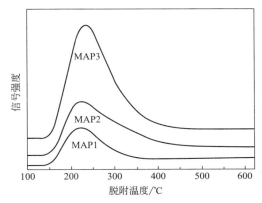

图 3-10　磷酸铝 NH$_3$-TPD 结果

表 3-9　磷酸铝的 BET 数据

催化剂	比表面积/(m^2/g)	孔容/(cm^3/g)	孔径[①]/nm
MAP1	74.8	1.1	63.8
MAP2	40.8	0.1	6.3
MAP3	171.1	0.9	15.5

① 孔径数据由脱附支数据用 BJH 函数计算而得。

　　三种磷酸铝在比表面积和表面酸量上都略有不同，会不会影响它们在 X 射线中的衍射峰？三种磷酸铝 X 射线衍射测定结果如图 3-11 所示。发现三种磷酸铝的 X 射线衍射峰一样的，这说明它们虽然表面形貌不一样，但是

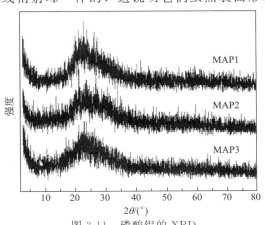

图 3-11　磷酸铝的 XRD

具有一样的晶型。

为了更进一步证明三种磷酸铝表面官能团是否存在差异，对三种磷酸铝进行了傅里叶红外（FT-IR）表征，如图 3-12 所示。由红外谱图可以看出三种磷酸

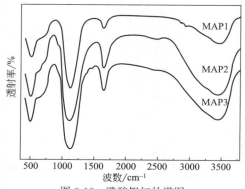

图 3-12　磷酸铝红外谱图

铝振动的峰型基本一致，表明三种磷酸铝表面的官能团或骨架结构基本相同。吸收峰的强弱不同可能是催化剂表面酸量不同造成的，催化剂表面酸量越多，含有的官能团越多，振动越强。图中可以看出 MAP1 振动比较弱，MAP2 振动稍强，MAP3 振动最强，这和 NH_3-TPD 的酸量表征数据是一致的。

用扫描电镜和透射电镜观察磷酸铝的表面和孔结构，如图 3-13 所示。

图 3-13　催化剂 SEM 和 TEM 图

由于三种磷酸铝晶型一致，仅选择初始活性最好的 MAP3 催化剂进行热重分析，结果如图 3-14 所示，这种介孔磷酸铝在 100℃有明显的失重，差热（DSC）曲线表现出吸热峰，这说明催化剂含有水，从图中分析水的含量约为 16％～18％，在高温阶段热重（TG）曲线是一条直线，说明催化剂很稳定，在 800℃内不会发生热分解。

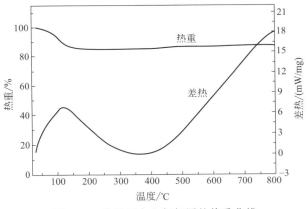

图 3-14　磷酸铝在空气氛围的热重曲线

3.2.4　介孔磷酸铝催化乳酸制乙醛工艺条件的优化

3.2.4.1　反应温度的影响

前面在对催化剂制备方法筛选中，发现 MAP2 和 MAP3 较接近。对于一个反应来说，反应温度越温和越好，因此在初始催化性能测试后，不断将反应温度调低，考察反应温度对 MAP2 和 MAP3 在乳酸转化率和乙醛选择性的影响。实验结果如图 3-15 所示，图中可以看出 MAP2 在降低温度区间时催化性能没有 MAP3 好，在 300℃ 时 MAP3 几乎能完全催化转化 20%（质量分数）的乳酸溶液。这就是选择最佳催化剂是 MAP3 而不是 MAP2 的原因。同时，也发现图 3-15 中 MAP2 和 MAP3 使乳酸完全转化的温度远远低于硫酸铝实验中所需的 380℃[7]。

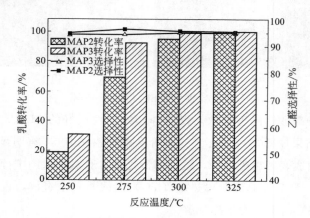

图 3-15　反应温度对 MAP2 和 MAP3 的影响

反应条件：催化剂 MAP2，0.1355g；MAP3，0.1360g；粒径，20～40 目；载气，N₂，
流速为 1mL/min；进料速度，1mL/h；乳酸浓度（质量分数），20%

为了进一步考察反应温度对产物分布的影响，以 MAP3 为例，结果如图 3-16 所示。温度升高，乙醛选择性降低，这和乳酸脱羧反应的活化能较低有关[8]。而当温度逐渐降低时，乙醛的选择性与 325℃ 时相比较只高出 0.8 个百分点，但乳酸的转化率却在急剧下降。在考察的有限实验温度范围

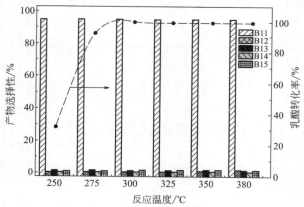

图 3-16　反应温度的影响

产物选择性：B11—乙醛；B12—丙酸；B13—乙酸；B14—丙烯酸；B15—2,3-戊二酮

内，325℃可作为磷酸铝催化乳酸制备乙醛的最佳反应温度。

3.2.4.2　不同乳酸浓度对反应的影响

其他条件相同时，考察反应底物乳酸浓度对乳酸脱羧反应的影响，以MAP3为例，结果见表3-10。随着乳酸浓度升高，乳酸转化率逐渐降低，表明此条件下磷酸铝对乳酸的催化转化能力已达到最大。

表 3-10　乳酸浓度的影响

乳酸质量分数/%	乳酸转化率/%	选择性/%				
		乙醛	丙烯酸	丙酸	2,3-戊二酮	乙酸
15	100.0	95.4	0.8	1.2	0.6	0.9
20	100.0	94.5	0.9	1.3	0.8	1.0
30	99.6	92.6	1.1	1.4	0.9	1.2
40	96.8	92.2	1.3	1.5	1.0	1.4

注：催化剂使用的是 MAP3，填装 0.1358g；反应温度，325℃；进料速度，1mL/h；载气 N_2 流速，1mL/min；催化剂粒径，20～40 目。

3.2.4.3　进料速度对反应的影响

在气固反应器中，原料乳酸的进料速度越快，乳酸与催化剂的接触时间越短，对催化剂的催化活性要求越高。进料速度变化的实验结果如表 3-11 所示，随着进料速度加快，乳酸转化率逐渐降低，各种副产物的量逐渐增加。

表 3-11　液空速的影响

乳酸液空速/h^{-1}	乳酸转化率/%	选择性/%				
		乙醛	丙烯酸	丙酸	2,3-戊二酮	乙酸
0.5	100	95.2	0.8	1.1	0.6	0.8
1.0	100	94.5	0.9	1.3	0.8	1.0
2.0	99.8	93.8	1.1	1.4	0.9	1.1
3.0	99.5	93.2	1.3	1.5	1.1	1.2
5.0	96.8	92.3	1.5	1.6	1.3	1.3

注：催化剂使用是 MAP3，填装 0.1358g；反应温度，325℃；载气 N_2，流速为 1mL/min；乳酸浓度（质量分数），20%；催化剂粒径，20～40 目。

3.2.4.4　载气流速对反应的影响

如表 3-12 所示，载气流速对反应的影响不大。

表 3-12　载气流速的影响

载气流速 /(mL/min)	乳酸转化率/%	选择性/%				
		乙醛	丙烯酸	丙酸	2,3-戊二酮	乙酸
0.5	100.0	94.0	0.8	1.1	1.1	1.2
1.0	100.0	94.5	0.9	1.0	0.8	1.0
2.0	100.0	94.4	0.9	1.0	0.8	1.0
3.0	100.0	94.5	0.8	0.9	0.7	0.9
5.0	100.0	94.6	0.8	0.8	0.7	0.8

　　注：催化剂使用是 MAP3，填装 0.1358g；反应温度，325℃；进料速度，1mL/h；乳酸浓度（质量分数），20%；催化剂粒径，20~40 目。

3.2.4.5　催化剂稳定性测试

　　催化剂稳定性是催化剂性能的重要属性之一，催化剂活性稳定时间越长表明催化剂的稳定性能越好[9~13]。如图 3-17 所示，随着时间的进行乳酸的转化率降低而乙醛的选择性却高度稳定。

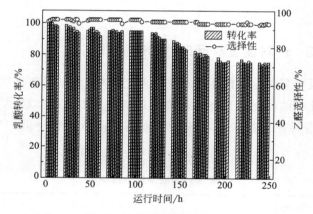

图 3-17　催化剂稳定性测试

反应条件：催化剂使用是 MAP3，填装 0.1385g；反应温度，325℃；进料速度，1mL/h；载气，N_2，流速为 1mL/min；乳酸浓度（质量分数），20%；催化剂粒径，20~40 目

　　与已有的文献报道的催化剂相比，磷酸铝的催化性能表现出非常大的优势，这得益于催化剂表面合适的酸性位以及催化剂的介孔结构。当催化剂表面酸性位以中等强度为主时，催化剂会表现出高的脱羧反应性能；催化剂介孔结构存在会大大增加催化剂的表面积，而对磷酸铝而言，脱羧反应可在催化剂的内外表面发生。因此，催化剂表现出了非常好的稳定性。虽然催化剂表面会发生结焦，但那只会阻碍催化剂的一部分活性而不能使催化剂严重失去活性，从测试的实验结果可以知道，在持续运行了 250h 后催化剂依旧保持对乳酸较高的转化率，产物的选择性几乎没有发生变化。

3.3 镁铝尖晶石催化乳酸脱羧反应制备乙醛

镁铝尖晶石（$MgAl_2O_4$）是氧化镁和氧化铝按 1:1 特定比例构成的化合物，它或许是将氧化镁的碱性与氧化铝的酸性有机结合的一种固体酸碱催化剂。同时，镁铝尖晶石具有耐化学腐蚀性、良好的机械强度、高热稳定性、低介电常数、优良的光学特性、低的热膨胀性、良好吸附性能[14~16]。镁铝尖晶石已经用于多种催化反应当中，如尖晶石催化氧化 SO_2 到 SO_3[17]、水煤气转化反应[18] 等。

在本节工作中，利用镁铝尖晶石（$MgAl_2O_4$）催化乳酸脱羧制备乙醛，并对镁铝前驱体、镁铝摩尔比、焙烧温度等影响尖晶石形成的因素进行了研究。基于此，进一步讨论了尖晶石催化剂制备条件和催化性能之间的关系。

3.3.1 镁铝尖晶石的制备

镁铝尖晶石有多种合成方法，如水热法[19,20]、溶胶-凝胶法[21,22]、火焰喷雾法[23]、冷冻干燥法[24]、控制水解法[25]、共沉淀法[26] 和气溶胶法[27,28] 等。通过对比，选取较为简单的共沉淀法来制备镁铝尖晶石。

以硝酸镁为镁源，以硝酸铝为铝源，镁铝尖晶石的制备过程如下。取 5.0g $Mg(NO_3)_2 \cdot 6H_2O$ 和 14.6g $Al(NO_3)_3 \cdot 9H_2O$ 使镁铝摩尔比为 1:2，将这两种盐完全溶解于 100mL 去离子水中，室温下搅拌 1h。然后逐滴加入质量分数为 25%~28% 的氨水调节 pH 值至 8~9，有白色沉淀生成。抽滤，用去离子水充分洗涤沉淀，于 120℃ 条件下干燥约 5h，备用。

分别改变镁铝前驱体、镁铝摩尔比，其他制备步骤类似，制备出催化剂样品备用。

催化剂使用前根据所需温度（550~1200℃）在马弗炉中空气氛下焙烧 6h。

以 $NaAlO_2$ 为铝源时，其合成过程略有不同[17]。将 38.4g $Mg(NO_3)_2 \cdot 6H_2O$ 和 21g $NaAlO_2$ 分别充分溶解在 100mL 的蒸馏水中，随后将两者按一定的滴加速度同时向 250mL 的蒸馏水中滴加，保持搅拌状态，滴加过程就有沉淀产生，并用质量分数为 25%~28% 的氨水控制溶液的 pH 值保持在 10 左右。沉淀的后续处理同前。

3.3.2 催化剂制备条件对催化性能的影响与分析

3.3.2.1 镁铝前驱体的影响

根据之前对乳酸制备乙醛反应的了解，反应温度初选 380℃，乳酸浓度为 20%，进样速度为 1.0mL/h（相当于 LHSV=2.63h^{-1}），镁铝比设定为尖晶石 $MgAl_2O_4$ 中 1:2 的比例关系，对不同前驱体制备的镁铝尖晶石催化剂催化乳酸脱羧性能进行探究（见表 3-13）。

表 3-13 中除 $Mg(NO_3)_2$-$NaAlO_2$ 外其他五种前驱体制备的催化剂乳酸转化率均高于 94%，乙醛选择性（84.0%~87.5%）；而采用 $Mg(NO_3)_2$-$NaAlO_2$ 制备的催化剂乳酸转化率仅为 35.8%，乙醛的选择性仅为 68.2%。但值得注意的是 $Mg(NO_3)_2$-$NaAlO_2$ 前驱体制备的尖晶石催化剂展现出 14.5% 的丙酸选择性，高于其他几种情况。

表 3-13　镁铝前驱体对催化剂催化乳酸脱羧制备乙醛催化性能的影响

Mg 前驱体	Al 前驱体	乳酸转化率/%	选择性/%				
			AD	PA	AC	AA	PD
$Mg(NO_3)_2$	$Al(NO_3)_3$	100	87.5	2.6	1.7	5.5	1.0
$MgCl_2$	$Al(NO_3)_3$	95.0	85.2	4.3	1.8	6.3	1.6
$MgSO_4$	$Al(NO_3)_3$	98.5	88.5	2.7	1.2	6.4	0.8
$Mg(NO_3)_2$	$Al_2(SO_4)_3$	94.0	84.0	3.5	2.1	4.8	1.0
$Mg(NO_3)_2$	$C_9H_{21}AlO_3$	100	86.0	4.1	1.7	3.5	1.8
$Mg(NO_3)_2$	$NaAlO_2$	35.8	68.2	14.5	4.3	6.1	5.1

注：催化剂，0.38mL、0.30~0.38g；镁铝摩尔比为 1:2；焙烧温度，1000℃；粒径，20~40 目；N_2 作为载气，1mL/min；乳酸作为原料，20% 水溶液；进料速度；1mL/h。

3.3.2.2 镁铝摩尔比的影响

在考察镁铝尖晶石前驱体的实验中，少量 MgO 相的出现将大大影响其催化性能，那么改变原来 1:2 的镁铝摩尔比又会达到什么样的结果？镁铝摩尔比对催化剂催化性能的影响见表 3-14。

表 3-14　镁铝摩尔比对催化剂催化乳酸脱羧制备乙醛催化性能的影响

Mg/Al	乳酸转化率/%	选择性/%				
		AD	PA	AC	AA	PD
1:1	93.0	46.2	6.8	2.1	4.8	2.1
1:2	100	87.5	2.6	1.7	5.5	1.0
1:3	95.0	87.1	3.5	3.6	3.1	1.0

注：催化剂 0.38mL、0.31~0.35g，镁铝尖晶石以硝酸镁和硝酸铝作为前驱体，焙烧温度 1000℃条件下制备；粒径，20~40 目；N_2 作为载气，1mL/min；乳酸作为原料，20% 水溶液；进料速度，1mL/h。

镁铝摩尔比由 1:1 变化到 1:2，乳酸转化率由 93.0% 上升到 100%，最大差值仅为 7%。镁铝摩尔比对乙醛选择性影响大得多，当镁铝摩尔比为 1:1 时，乙醛选择性仅为 46.2%，而镁铝摩尔比为尖晶石中镁铝摩尔比为 1:2 时，乙醛选择性达到 87.5%。同样的，镁铝摩尔比极大地影响着丙酸选择性，高镁铝比对应高丙酸选择性。例如，当催化剂镁铝摩尔比为 1:1 时，丙酸选择性为 6.8%。

对于前驱体中镁铝摩尔比 1:1 情形，在 X 射线粉末衍射（图 3-19）和傅里叶红外（图 3-22）都能够很清楚地找到 MgO 物相。因 MgO 是典型的碱金属氧化物，而催化剂的碱性有利于底物乳酸加氢生成丙酸[29,30]，故镁铝摩尔比 1:1 比其他两种比例催化剂具有较高的丙酸选择性（6.8%）。奇怪的是，镁铝摩尔比为 1:3 时，XRD 和红外的谱图与镁铝摩尔比 1:2 的几乎一致，其催化性能略差一点。

综合考虑乙醛的选择性和乳酸的转化率，最佳镁铝摩尔比约为 1:2。

3.3.2.3 焙烧温度的影响

对于大多数气固反应催化剂，使用前进行高温焙烧是获得优良催化活性的关键[2,31,32]。表 3-15 为焙烧温度对催化剂性能的影响，测试催化剂样品均以 Mg(NO$_3$)$_2$-Al(NO$_3$)$_3$ 为前驱体、镁铝摩尔比为 1:2 制备。

表 3-15　焙烧温度对催化剂催化乳酸脱羧制备乙醛催化性能的影响

焙烧温度/℃	乳酸转化率/%	选择性/%				
		AD	PA	AC	AA	PD
550	100	63.0	6.2	2.5	4.5	2.7
750	100	69.5	6.3	3.0	1.6	1.6
900	100	80.0	4.4	3.2	3.7	1.8
1000	100	87.5	2.6	1.7	5.5	1.0
1200	60	73.3	10.5	2.2	9.6	2.8

注：催化剂 0.38mL、0.32～0.55g，镁铝摩尔比为 1:2，粒径，20～40 目；N$_2$ 作为载气，流速为 1mL/min；乳酸作为原料，20% 水溶液；进料速度，1mL/h；反应温度 380℃。

考虑到尖晶石具有非常好的热稳定性，考察了 550℃ 到 1200℃ 比较宽泛的焙烧温度。当焙烧温度从 550℃ 升至 1000℃ 时，脱羧反应中乳酸转化率始终保持 100%。当催化剂焙烧温度进一步提高至 1200℃，乳酸转化率却降至 60%。焙烧温度对乙醛选择性有很大影响，乙醛的选择性随焙烧温度的增加而不断升高。例如，当焙烧温度为 550℃ 时，乙醛选择性为 63.0%。当焙烧温度从 550℃ 升至 1000℃ 时，相应的乙醛选择性从 63.0% 升至 87.5%。而当焙烧温度升至 1200℃ 时观察到乙醛选择性迅速降低，降至 73.3%。乙醛选择性随温度升高的变化过程与乳酸转化率的变化趋势是相似的。值得注意的是，经 1200℃ 焙烧之后，2,3-戊二酮、丙酸、丙烯酸三种副产物选择性都明显提高了，丙酸选择性更有数倍提高。

为了充分理解焙烧温度对催化剂催化性能的影响，结合催化剂表征部分进行讨论。根据图 3-20 X 射线粉末衍射（XRD），550～1000℃ 升高焙烧温度，尖晶石结构衍射峰逐渐增强，这表明有大量镁铝尖晶石形成且具有较高的结晶度。且在 1000℃ 以下焙烧时，乙醛选择性随焙烧温度升高也逐渐升高。当焙烧温度进一步升高至 1200℃ 时，XRD 结果显示出部分尖晶石发生分解或转化为其他物种，引起乙醛选择性迅速降至 73.3%。这些结果都证明镁铝尖晶石相的增加有利于生成乙醛的催化乳酸脱羧反应进行。

进一步研究焙烧温度对催化剂表面酸量和碱量与催化剂催化性能之间的关系，见图 3-26（a）和表 3-18 催化剂的 NH_3-TPD 化学吸脱附结果。可以看出当焙烧温度从 550℃ 升至 1200℃ 时催化剂表面弱酸量和中等强度酸量（150～400℃）从 0.0011mmol/m^2 升至 0.0062mmol/m^2。从图 3-26（b）和表 3-19 CO_2-TPD 中，观察到当焙烧温度从 550℃ 升至 1200℃ 时催化剂表面弱碱和中等强度碱量（150～400℃）从 0.0038mmol/m^2 升至 0.0587mmol/m^2。尽管催化剂在 1200℃ 焙烧后中低强度酸位和碱位上具有最高的酸密度和碱密度，但其比表面积只有 2.2m^2/g，比其他催化剂（52.0～201.0m^2/g）小。

这些结果充分表明乳酸脱羧反应中，产物乙醛的选择性与催化剂表面弱酸位和中等强度酸位有关。此外，酸碱平衡也是影响乳酸脱羧制备乙醛反应的重要因素。这与多相催化剂的酸碱平衡对乳酸脱水制备丙烯酸的影响相一致[33～36]。

3.3.3 催化剂表征

3.3.3.1 X 射线粉末衍射（XRD）

图 3-18 为镁铝摩尔比为 1∶2、焙烧温度为 1000℃ 条件下，采用不同镁铝前驱体制备镁铝尖晶石 XRD 谱图。

从图 3-18 中可以观察到样品（a～e）均与镁铝尖晶石标准卡片（PDF♯21-1152）有很好的契合度，在 19.2°、31.4°、37.0°、44.9°、59.4° 和 65.5° 表现出很强的衍射峰，可分别对应（111）、（220）、（311）、（400）、（511）和（440）晶面衍射[16,37]。样品 f 中包含标准卡片（PDF♯21-1152）中所

有的衍射峰，并且非常尖锐，这表明 f 代表的以 Mg(NO₃)₂-NaAlO₂ 为前驱体制备的镁铝尖晶石具有更高的结晶度。然而，样品 f 在 43.3°和 62.4°还有 MgO 特征衍射峰（PDF♯45-0946）的出现，表明 f 中含有少量 MgO 相[15]。氧化镁物相的存在，使得催化剂表面酸碱分布发生了变化，导致脱羧效果反而是最差的。

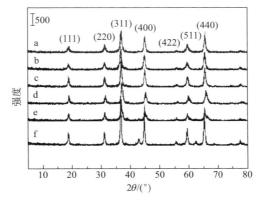

图 3-18　不同前驱体制备镁铝尖晶石 XRD 谱图

a—Mg(NO₃)₂-Al(NO₃)₃；b—MgCl₂-Al(NO₃)₃；c—MgSO₄-Al(NO₃)₃；

d—Mg(NO₃)₂-Al₂(SO₄)₃；e—Mg(NO₃)₂-C₉H₂₁AlO₃（异丙醇铝）；

f—Mg(NO₃)₂-NaAlO₂，镁铝摩尔比为 1∶2，焙烧温度为 1000℃

　　随后，使用 XRD 表征了不同镁铝摩尔比制备镁铝尖晶石样品结构，结果见图 3-19。

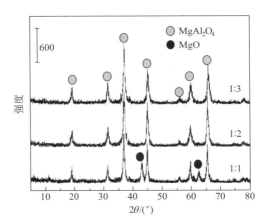

图 3-19　不同镁铝摩尔比条件下制备镁铝尖晶石 XRD 谱图

前驱体为 Mg(NO₃)₂-Al(NO₃)₃；焙烧温度为 1000℃

三种不同镁铝摩尔比(1∶1，1∶2 和 1∶3)最终都形成了尖晶石结构。当镁的含量增加时(Mg/Al＝1∶1)，根据标准卡片（PDF♯45-0946）对比，样品在 43.3°和 62.4°有 MgO 特征衍射峰，表明有 MgO 物相存在。奇怪的是，镁铝摩尔比 1∶3 时，XRD 谱图与镁铝摩尔比 1∶2 的几乎一致，未见氧化铝特征峰，这可能和氧化铝的特征峰不明显有关（结晶度低或无定形）。

最后，使用 XRD 表征了不同焙烧温度对样品结构的影响，结果见图 3-20。550～900℃焙烧后镁铝尖晶石样品的特征衍射峰较宽和峰强度较小，表明测试样品结晶度较差，且晶粒尺寸较小。对比之下，焙烧温度为 1000℃时样品的特征衍射峰强度增加，衍射峰明显变窄，表明样品结晶度变好。这也说明 1000℃是比较好的焙烧温度，在此温度下焙烧可以制备出结晶良好的镁铝尖晶石。以此对应，表 3-15 中 1000℃焙烧后镁铝尖晶石表现出的催化性能最好，乳酸完全转化，主产物乙醛选择性高达 87.5％，证明镁铝尖晶石相的增加有利于生成乙醛的脱羧反应进行。

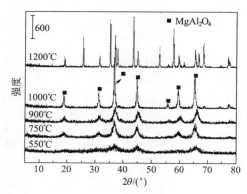

图 3-20　不同焙烧温度条件下制备镁铝尖晶石 XRD 谱图
前驱体为 Mg(NO₃)₂-Al(NO₃)₃；镁铝摩尔比为 1∶2

随着温度进一步提高至 1200℃，镁铝尖晶石特征衍射峰仍然存在，但有部分特征峰消失，同时又有新的衍射峰出现，这表明 1200℃高温下有部分镁铝尖晶石相分解或转化成了其他物质。

3.3.3.2　傅里叶红外（FT-IR）

为了获得样品的官能团信息，进行了红外光谱分析，结果见图 3-21～图 3-23。图 3-21 展示了镁铝摩尔比为 1∶2，焙烧温度为 1000℃，以不同前驱体制备镁铝尖晶石的红外谱图。六个样品 a、b、c、d、e 和 f 几乎是完全相同的，这与图 3-18 中 XRD 的结论是一致的。由于样品中不可避免的含有少量水分形成吸附水，故红外光谱图中在 3455cm⁻¹ 和 1640cm⁻¹ 位置出现

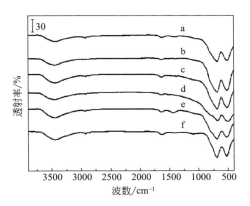

图 3-21　不同前驱体条件下制备镁铝尖晶石红外谱图

a—Mg(NO₃)₂-Al(NO₃)₃；b—MgCl₂-Al(NO₃)₃；c—MgSO₄-Al(NO₃)₃；
d—Mg(NO₃)₂-Al₂(SO₄)₃；e—Mg(NO₃)₂-C₉H₂₁AlO₃（异丙醇铝）；
f—Mg(NO₃)₂-NaAlO₂

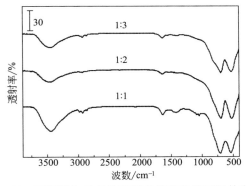

图 3-22　不同摩尔比条件下制备镁铝尖晶石红外谱图

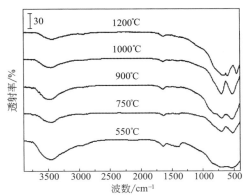

图 3-23　不同焙烧温度条件下制备镁铝尖晶石红外谱图

H—O—H 键弯曲振动吸收峰[37,38]。除此之外，这六个样品的红外光谱图在 533cm^{-1} 和 710cm^{-1} 表现出两个特征吸收峰，归因于（AlO$_6$）官能团和典型的 Mg—O—Al 振动，这同样可以佐证样品中存在镁铝尖晶石结构[37,38]。

图 3-22 展示了前驱体为 Mg（NO$_3$）$_2$ 和 Al（NO$_3$）$_3$，焙烧温度为 1000℃，以不同摩尔比条件制备尖晶石的红外谱图。镁铝摩尔比为 1∶1 的样品在 1074cm^{-1} 和 1415cm^{-1} 处出现两个新的吸收峰，归因于存在多余配比的 MgO 相。

图 3-23 展示了前驱体为 Mg（NO$_3$）$_2$ 和 Al（NO$_3$）$_3$，镁铝摩尔比为 1∶2，以不同焙烧温度制备尖晶石样品的红外谱图。1000℃ 焙烧样品在 800～500cm^{-1} 出现的镁铝尖晶石特征吸收峰最强，这在某种程度上表明 1000℃ 为镁铝尖晶石形成的最佳温度。当焙烧温度由 1000℃ 升至 1200℃ 时，红外光谱吸收峰位置发了较大改变，这一结果与图 3-20 XRD 表征结果相一致，归因于部分镁铝尖晶石相分解转化成其他物质所出现的特征吸收峰。

3.3.3.3 化学吸脱附（NH$_3$-TPD/CO$_2$-TPD）

图 3-24 为镁铝摩尔比为 1∶2，焙烧温度为 1000℃，不同前驱体制备催化剂样品的化学吸脱附 NH$_3$-TPD 和 CO$_2$-TPD 谱图，样品（a、b、c、d、e 和 f）曲线相互吻合较好。样品（a～e）在 150～400℃ 出现的宽的脱附峰表明催化剂表面存在大量的弱-中等酸碱位。样品 f 在 150～400℃ 脱附峰较弱，表明其弱-中等酸碱位密度较低，XRD 和红外谱图表明样品 f 中除尖晶石之外还存在碱性的氧化镁。

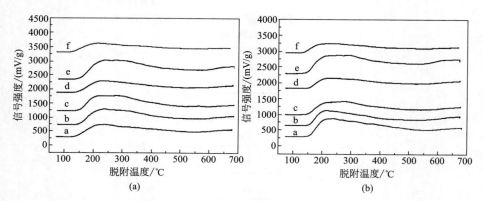

图 3-24　不同前驱体制备镁铝尖晶石 NH$_3$-TPD（a）和 CO$_2$-TPD（b）谱图

a—Mg(NO$_3$)$_2$-Al(NO$_3$)$_3$；b—MgCl$_2$-Al(NO$_3$)$_3$；c—MgSO$_4$-Al(NO$_3$)$_3$；

d—Mg(NO$_3$)$_2$-Al$_2$(SO$_4$)$_3$；e—Mg(NO$_3$)$_2$-C$_9$H$_{21}$AlO$_3$；f—Mg(NO$_3$)$_2$-NaAlO$_2$

对得到的测试曲线按温度区间进行分割、积分，计算得到镁铝尖晶石催化剂上酸密度和碱密度的定量数据，结果见表 3-16 和表 3-17。表 3-16 催化剂

表 3-16　不同前驱体条件下制备催化剂氨气吸脱附数据（NH₃-TPD）

催化剂	酸密度/(mmol/g)		总酸密度/(mmol/g)
	弱-中（150～400℃）	强（400～600℃）	
$Mg(NO_3)_2-Al(NO_3)_3$	0.17	0.07	0.24
$MgCl_2-Al(NO_3)_3$	0.18	0.10	0.28
$MgSO_4-Al(NO_3)_3$	0.18	0.08	0.26
$Mg(NO_3)_2-Al_2(SO_4)_3$	0.13	0.07	0.20
$Mg(NO_3)_2-C_9H_{21}AlO_3$	0.23	0.15	0.38
$Mg(NO_3)_2-NaAlO_2$	0.07	0.02	0.09

表 3-17　不同前驱体制备催化剂二氧化碳吸脱附数据（CO₂-TPD）

催化剂	碱密度/(mmol/g)		总碱密度/(mmol/g)
	弱-中（150～400℃）	强（400～600℃）	
$Mg(NO_3)_2-Al(NO_3)_3$	0.85	0.51	1.36
$MgCl_2-Al(NO_3)_3$	0.70	0.36	1.06
$MgSO_4-Al(NO_3)_3$	0.63	0.32	0.95
$Mg(NO_3)_2-Al_2(SO_4)_3$	0.51	0.29	0.80
$Mg(NO_3)_2-C_9H_{21}AlO_3$	0.91	0.55	1.46
$Mg(NO_3)_2-NaAlO_2$	0.38	0.17	0.55

NH₃-TPD 测试结果中，$Mg(NO_3)_2-NaAlO_2$ 前驱体制备催化剂在 150～400℃表面酸量仅为 0.07mmol/g，远小于其他催化剂表面酸量 0.13～0.23mmol/g。根据催化剂表征部分 X 射线粉末衍射（XRD）结果，采用 $Mg(NO_3)_2-NaAlO_2$ 前驱体制备催化剂除镁铝尖晶石相外还具有少量的 MgO 物相。MgO 属于典型的碱性氧化物，它的出现可能导致催化剂表面酸量大大降低。从表 3-17 还可以看出出现氧化镁物相的催化剂表面碱量在 150～400℃为 0.38mmol/g，也低于其他催化剂 0.51～0.91mmol/g 的水平。

也对不同摩尔比和不同焙烧温度制备的催化剂进行了化学吸脱附（NH₃-TPD/CO₂-TPD）测试。图 3-25 为镁铝前驱体 $Mg(NO_3)_2$ 和 $Al(NO_3)_3$，焙烧温度为 1000℃，不同镁铝比条件下制备镁铝尖晶石的测试结果。图 3-25（a）是 NH₃-TPD 测试结果，三个样品在 150～400℃存在的脱附峰仍然归属于样品表面存在的弱-中等酸位。看到镁铝摩尔比为 1∶1 的样品在高温（＞550℃）下出现一个较强的脱附峰，表明该样品表面存在较多的强酸性位；类似地，图 3-25（b）CO₂-TPD 也出现一个强的脱附峰，表明存在较多的强碱性位。

图 3-26 为镁铝前驱体 $Mg(NO_3)_2$ 和 $Al(NO_3)_3$，镁铝摩尔比为 1∶2，不同焙烧温度条件下制备样品 NH₃-TPD 和 CO₂-TPD 谱图。从图 3-26（a）可以看出，由 550℃升至 900℃过程中，强酸位逐渐减少，弱酸位和中等酸

位随焙烧逐渐增加；温度由 1000℃ 进一步升高至 1200℃ 时，弱酸位、中等酸位和强酸位都迅速减少。图 3-26（b）焙烧温度由 550℃ 升至 1000℃ 过程中，弱碱位和中等强度碱位逐渐增加，强碱位减少；当温度由 1000℃ 升至 1200℃ 时，弱碱位、中等强度碱位和强碱位迅速减少。

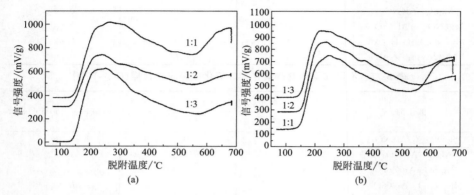

图 3-25　不同镁铝摩尔比条件下制备镁铝尖晶石 NH_3-TPD（a）和 CO_2-TPD（b）谱图

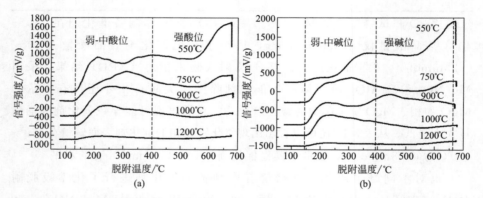

图 3-26　不同焙烧温度条件下制备镁铝尖晶石 NH_3-TPD（a）和 CO_2-TPD（b）谱图

计算得到的相应酸密度和碱密度见表 3-18 和表 3-19。

表 3-18　不同焙烧温度条件下制备催化剂氨气吸脱附数据

焙烧温度/℃	酸密度/(mmol/g)		总酸密度/(mmol/g)
	弱-中(150~400℃)	强(400~600℃)	
550	0.22(0.0011)	0.24(0.0012)	0.46(0.0023)
750	0.16(0.0021)	0.08(0.0011)	0.24(0.0032)
900	0.21(0.0024)	0.13(0.0015)	0.34(0.0039)
1000	0.17(0.0033)	0.07(0.0014)	0.24(0.0047)
1200	0.01(0.0062)	0.002(0.0010)	0.012(0.0072)

注：括号中列出数据为酸密度（mmol/m²）。

表 3-19　不同焙烧温度条件下制备催化剂二氧化碳吸脱附数据

焙烧温度/℃	碱密度/(mmol/g)		总碱密度 /(mmol/g)
	弱-中(150～400℃)	强(400～600℃)	
550	0.77(0.0038)	1.37(0.0068)	2.14(0.0106)
750	0.99(0.0130)	0.64(0.0083)	1.63(0.0213)
900	1.01(0.0116)	1.30(0.0149)	2.31(0.0265)
1000	0.85(0.0164)	0.51(0.0098)	1.36(0.0262)
1200	0.12(0.0587)	0.10(0.0489)	0.22(0.1076)

注：括号中列出数据为碱密度（mmol/m^2）。

3.3.3.4　全自动氮气吸脱附（BET)

固定镁铝摩尔比为 1:2，焙烧温度为 1000℃，焙烧时间为 6h，使用不同前驱体，但均通过化学共沉淀法合成镁铝尖晶石。表征催化剂的比表面积和孔结构的 BET 测试结果见表 3-20。

催化剂比表面积受前驱体所影响。通过图 3-18 XRD 谱图和图 3-21 红外谱图，确认使用不同镁铝前驱体都能够形成镁铝尖晶石结构，但是这些镁铝尖晶石比表面积大小存在明显差异。例如，以异丙醇铝（$C_9H_{21}AlO_3$）作为铝源制备的镁铝尖晶石催化剂具有最高的比表面积（61.6m^2/g），而以偏铝酸钠（$NaAlO_2$）得到的催化剂的比表面积最低（24.4m^2/g）。所有样品孔体积均落在 0.17～0.55cm^3/g，由异丙醇铝制备的镁铝尖晶石比其他样品具有较高的孔体积（0.55cm^3/g）。这一结果可能与金属有机化合物作为铝源有关，在空气氛高温（1000℃）下，异丙醇铝很容易分解出二氧化碳，形成大量的孔[39]。

氮气吸脱附等温线和相应孔径分布曲线见图 3-27。孔径依据脱附支数据，通过 Barrett-Joyner-Halenda（BJH）模型进行计算而得。根据多孔材料孔的定义（2～50nm），所制备的催化剂均属于介孔材料。

表 3-20　不同前驱体条件下制备镁铝尖晶石 BET 数据[①]

Mg 前驱体	Al 前驱体	比表面积 /(m²/g)	孔容 /(cm³/g)	孔径[②]/nm
$Mg(NO_3)_2$	$Al(NO_3)_3$	52.0	0.37	24.3
$MgCl_2$	$Al(NO_3)_3$	46.0	0.40	25.0
$MgSO_4$	$Al(NO_3)_3$	38.4	0.31	24.4
$Mg(NO_3)_2$	$Al_2(SO_4)_3$	35.8	0.17	15.5
$Mg(NO_3)_2$	$C_9H_{21}AlO_3$	61.6	0.55	19.0
$Mg(NO_3)_2$	$NaAlO_2$	24.4	0.34	34.5

① 镁铝摩尔比为 1:2，镁铝尖晶石焙烧温度为 1000℃。

② 根据脱附支数据采用 Barrett-Joyner-Halenda（BJH）模型进行计算。

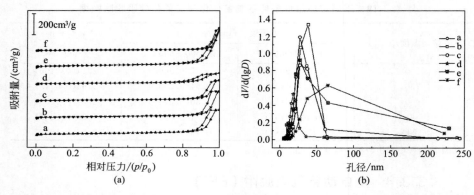

图 3-27　不同前驱体制备镁铝尖晶石氮气吸脱附等温线（a）及其相应孔分布曲线（b）

a—Mg(NO₃)₂-Al(NO₃)₃；b—MgCl₂-Al(NO₃)₃；c—MgSO₄-Al(NO₃)₃；

d—Mg(NO₃)₂-Al₂(SO₄)₃；e—Mg(NO₃)₂-C₉H₂₁AlO₃；f—Mg(NO₃)₂-NaAlO₂

以 $Mg(NO_3)_2$-$Al(NO_3)_3$ 作为前驱体，焙烧温度为 1000℃，不同镁铝摩尔比条件下制备的尖晶石的 BET 表征结果详见表 3-21 和图 3-28。可以清楚地看到镁铝摩尔比变化对催化剂的比表面积有轻微影响。

随后，对以 $Mg(NO_3)_2$-$Al(NO_3)_3$ 作为前驱体，镁铝摩尔比为 1：2，不同焙烧温度条件下制备的镁铝尖晶石催化剂的比表面积进行了 BET 测试，结果见表 3-22。可以看到除 900℃外，随焙烧温度升高催化剂的比表面积逐渐减小。有关镁铝尖晶石表面积随焙烧温度增加而减小的情况，其他研究者也发现有类似的变化关系[39]。

表 3-21　不同镁铝摩尔比条件下制备镁铝尖晶石氮气吸脱附测试数据

Mg/Al 摩尔比	比表面积/(m²/g)	孔容/(cm³/g)	孔径/nm
1：1	50.4	0.33	24.4
1：2	52.0	0.37	24.3
1：3	62.0	0.30	15.5

表 3-22　不同焙烧温度条件下制备镁铝尖晶石比表面积数据

焙烧温度/℃	比表面积/(m²/g)	焙烧温度/℃	比表面积/(m²/g)
550	201.0	1000	52.0
750	76.7	1200	2.2
900	87.1		

3.3.3.5　扫描电镜（SEM）

图 3-29 中样品制备条件：$Mg(NO_3)_2$-$Al(NO_3)_3$ 为前驱体，镁铝摩尔比为 1：2、焙烧温度为 1000℃。可以清楚地看到催化剂颗粒外观近球形，

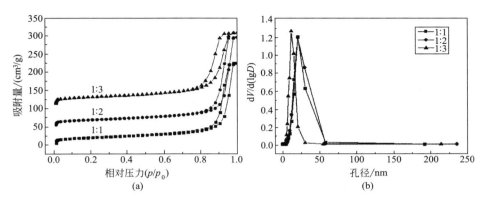

图 3-28 不同镁铝摩尔比条件下制备镁铝尖晶石氮气等温
吸脱附曲线（a）及相应孔分布曲线（b）

催化剂由这些颗粒堆积而成。由于孔道是催化剂颗粒堆积而成，故依据
BET 测试结果所计算出催化剂孔径较大，为 24.3nm。

图 3-29　镁铝尖晶石 SEM 图

3.3.4　催化剂稳定性与再生性测试

与均相催化剂相比，多相催化剂的一个重要特点是能够高效、稳定、连续运行。文献[1]报道介孔分子筛 SBA-15 担载硅钨酸作为活性组分催化乳酸脱羧制备乙醛实验运行时间也只有 5h。在前期工作中，以硫酸铝催化乳酸脱羧反应制备乙醛能够持续运行 50h[7]。

图 3-30 为镁铝尖晶石催化乳酸脱羧制乙醛反应稳定性实验数据，所用

催化剂制备过程控制镁铝摩尔比为 1∶2，焙烧温度为 1000℃，用量为 0.38mL、0.35g；反应过程设定温度为 380℃，反应底物乳酸浓度为 20%，进样速度 1mL/h，以 N_2 作载气流速为 1mL/min。图 3-30 中脱羰反应初期乳酸转化率维持在 95% 左右，然后随时间延长缓慢下降，运行 100h 之后乳酸转化率降到 60% 左右。对比之下，运行时间对产物乙醛选择性的影响则较小，1～10h 反应初期选择性为 84.0%，反应至 100h 时降至约 72.0%。

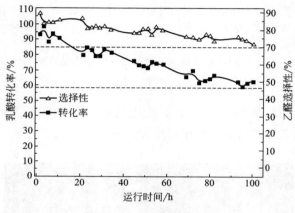

图 3-30 催化剂稳定性

镁铝尖晶石催化性能随运行时间降低表明催化剂失活。失活催化剂经 600℃焙烧重新再生后的稳定性实验结果见图 3-31，再生催化剂催化性能基

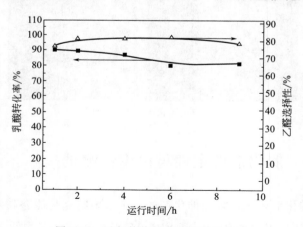

图 3-31 重新焙烧后催化剂催化性能

催化剂控制用量为 0.19g，镁铝摩尔比为 1∶2，粒径为 20～40 目；反应过程中载气 N_2 流速为 1mL/min，反应温度为 380℃，原料为 20%（质量分数）乳酸水溶液，进料速度为 1mL/h

本恢复，这说明前期催化剂的失活是暂时性失活，主要是由于催化剂表面积

炭或结焦造成。另外，失活后催化剂热重分析和 X 射线粉末衍射表征
（XRD）见图 3-32。

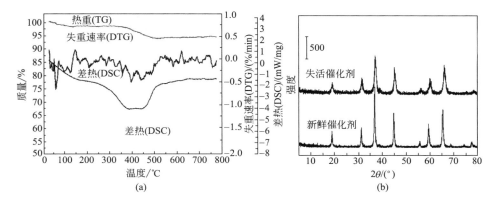

图 3-32　失活催化剂热分析曲线（a）及失活催化剂与新鲜催化剂 XRD 对比（b）

3.4　镁铝复合氧化物 $Mg_{0.388}Al_{2.408}O_4$ 催化乳酸制乙醛

在前一节中，发现镁铝尖晶石（$MgAl_2O_4$）催化乳酸脱羰制备乙醛具
有较好的效果，但稳定时间还是比较有限。

镁铝复合氧化物与镁铝尖晶石一样具有低酸性和高热稳定性，本节中研
究了镁铝复合氧化物制备过程中 pH 值、焙烧温度和镁铝摩尔比对催化剂结
构和催化性能的影响，以及催化剂表面酸碱性与催化活性之间的关系。

3.4.1　镁铝复合氧化物催化剂制备

根据之前的报道和前面的实验探索，本节选择共沉淀法来制备镁铝复合
氧化物。

首先取一定镁铝摩尔比的 $Mg(NO_3)_2 \cdot 6H_2O$ 和 $Al(NO_3)_3 \cdot 9H_2O$，完
全溶解于去离子水中，室温下搅拌 1h。然后逐滴加入质量分数为 25%～
28% 的氨水调节 pH 值至形成白色沉淀。抽滤，用去离子水反复洗涤，在
120℃ 条件下干燥约 5h。将烘干后的样品再经压片、重新粉碎、筛分、填装
于管式反应器中。考察催化活性之前先在空气气氛中高温焙烧 6h。

催化剂制备过程中氨水沉淀 pH 值起始为 7，镁铝摩尔比为 1∶1～1∶8，焙烧温度范围 550～1200℃。

3.4.2 不同条件制备催化剂催化性能考察与分析

3.4.2.1 pH 值的影响

镁铝复合氧化物催化乳酸脱羧反应在固定床管式反应器中进行，反应温度为 380℃、乳酸浓度（质量分数）为 20%、进料速度为 1mL/h，结果见图 3-33 和表 3-23。

从图 3-33（a）可以清楚地观察到不同 pH 值沉淀出的催化剂上乳酸转化率有很大差别，总的趋势是乳酸转化率随沉淀 pH 值增大而减小。实验中复合物沉淀 pH 值最小为 7，逐渐增大，最高 pH＝11。pH＝7 制备镁铝复合氧化物催化剂具有良好的稳定性，在整个运行时段（TOS，1～8h）乳酸几乎完全转化。然而，在 pH＞8 条件下制备镁铝复合氧化物催化剂随时间延长乳酸转化率急剧下降。图 3-33（b）可以看到乙醛选择性随 pH 值增加而降低，pH＞11 时催化剂上乙醛选择性显著低于其他样品。

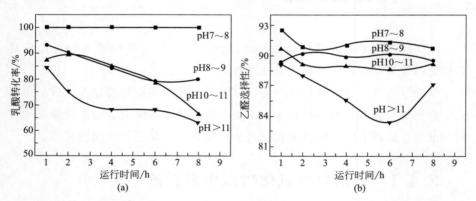

图 3-33 不同 pH 值制备镁铝复合氧化物随运行时间乳酸转化率（a）和乙醛选择性（b）
反应条件：催化剂体积为 0.38mL，镁铝复合氧化物采用 $Mg(NO_3)_2$ 和 $Al(NO_3)_3$ 作为前驱体，
镁铝比为 1∶2，焙烧温度为 1000℃，粒径为 20～40 目，载气 N_2 流速为 1mL/min

催化表面反应速率是表征催化剂绩效的一个重要指标，取 TOS＝4～6h 数据进行表面催化反应速率计算，见表 3-23。除 pH＝7～8 外，表 3-23 中剩余的三种情况下乳酸都没有全部转化，催化剂表面反应速率随制备过程 pH 值增加而降低。pH＝7～8 条件下制备镁铝复合氧化物上乳酸转率达到 100%，此时催化剂的表面很可能没有被完全利用。然而，表面催化反应速

率都是使用催化剂全部表面积计算而得到，因此 pH＝7～8 条件下制备的催化剂在乳酸脱羧反应中实际表面反应速率应比表 3-23 中的计算结果更高（详见液空速部分）。

表 3-23　pH 的影响[①]

pH	乳酸转化率/%	选择性/%					比表面催化速率/[μmol/(h·m²)]	
		AD	PA	AC	AA	PD	LA 消耗速率	AD 生成速率
7～8	100	91.4	2.6	2.2	2.6	0.9	878.1	802.6
8～9	79.1	90.2	3.1	1.9	2.7	1.1	963.6	869.2
10～11	78.7	88.6	3.8	2.0	4.3	1.1	859.4	761.5
＞11	67.9	83.4	6.4	2.5	6.1	1.5	819.8	683.7

① 催化剂体积，0.38mL；镁铝复合氧化物采用 $Mg(NO_3)_2$ 和 $Al(NO_3)_3$ 作为前驱体；焙烧温度，1000℃；反应温度，380℃；粒径，20～40 目；载气 N_2 流速，1mL/min；进料速度，1mL/h；原料，20%（质量分数）乳酸水溶液。

根据图 3-39（a）X 射线粉末衍射和图 3-40（a）傅里叶红外表征部分，可以得到 pH＝7～8 条件下制备的催化剂属于 $Mg_{0.388}Al_{2.408}O_4$ 结构，其他 pH 值条件下制备的催化剂则属于尖晶石（$MgAl_2O_4$）结构。多相催化中大的比表面积更有利于反应进行，表 3-26 对样品进行 BET 表征的结果显示出 $Mg_{0.388}Al_{2.408}O_4$（63.8m²/g）具有比尖晶石（44.4～51.3m²/g）更大的比表面积。

根据文献报道结合已开展的部分前期工作，知道催化乳酸脱羧反应制备乙醛是一个弱酸和中等强度酸催化的反应过程[7,40]。通过 NH_3-TPD 表征，发现 $Mg_{0.388}Al_{2.408}O_4$ 在 150～300℃出现了一个较显著的脱附峰，可以归属于弱酸位及中等强度酸位。其他 pH 值沉淀出的催化剂 NH_3 脱附峰集中在 200℃，分为两个峰，这表明随高 pH 值沉淀出的催化剂表面酸性更强。从催化剂酸性强弱角度去考虑，pH＝7～8 条件下制备的固定镁铝比的 $Mg_{0.388}Al_{2.408}O_4$ 复合氧化物表面酸性更适合乳酸脱羧反应。

3.4.2.2　镁铝摩尔比的影响

图 3-34 和表 3-24 为氧化铝、氧化镁和不同镁铝摩尔比制备镁铝复合氧化物催化剂的催化活性数据。

在图 3-34（a）中可以观察到除氧化镁外的催化剂都具有优良的初始活性。随反应持续进行，纯氧化铝和氧化镁催化剂、镁铝比为 1∶6 和 1∶8 制备的催化剂催化活性（乳酸转化率）迅速降低。观察剩余的三个镁铝比 1∶1、1∶2 和 1∶3 的情况。镁铝摩尔比为 1∶2 条件下制备催化剂在整个

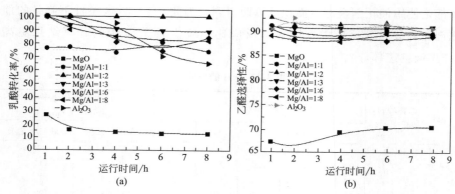

图 3-34　镁铝复合氧化物及氧化镁和氧化铝随时间延长乳酸转化率（a）和乙醛选择性（b）

运行时段（TOS，0～8h）乳酸转化率始终保持在 100%。当镁铝摩尔比进一步提高至 1:1 时，尽管催化剂仍具有较好的稳定性，但乳酸转化率却降低到 70%～81%。图 3-34（b）中镁铝比对乙醛选择性的影响则较小。纯净的氧化镁对应较低的乙醛选择性（65%～70%），其他催化剂乙醛选择性为 87%～92%。

催化剂表面反应速率采用 TOS＝6～8h 数据进行计算，见表 3-24。镁铝摩尔比为 1:2 条件下制备催化剂具有最快表面催化反应速率，乳酸消耗速率 878.1μmol/（h·m²），乙醛生成速率为 802.6μmol/（h·m²）。图 3-39（c）的 XRD 表征结果表明，镁铝摩尔比为 1:1 制备的催化剂为尖晶石结构（$MgAl_2O_4$）；镁铝摩尔比为 1:2 制备催化剂实为 $Mg_{0.388}Al_{2.408}O_4$ 复合氧化物；镁铝摩尔比低于 1:2 时是 $Mg_{0.388}Al_{2.408}O_4$ 和 Al_2O_3 的混合物。

表 3-24　镁铝摩尔比的影响

Mg/Al	乳酸转化率/%	选择性/%					比表面催化速率/[μmol/(h·m²)]	
		AD	PA	AC	AA	PD	乳酸消耗速率	乙醛生成速率
MgO	12.9	69.9	13.6	8.9	6.0	1.3	725.8	507.3
1:1	80.7	89.9	3.3	2.2	3.5	1.0	792.2	712.2
1:2	100	91.4	2.6	2.2	2.6	0.9	878.1	802.6
1:3	89.4	90.3	2.3	3.4	2.7	1.0	729.3	658.5
1:6	74.3	87.7	3.7	3.5	3.6	1.2	587.4	515.2
1:8	82.1	89.2	2.5	4.1	3.0	1.0	756.5	674.8
Al_2O_3	70.3	91.2	2.7	2.7	2.3	0.9	863.5	787.5

注：催化剂用量，0.30～0.32g，0.38mL；MgO，0.17g；Al_2O_3，0.33g；镁铝复合氧化物采用 $Mg(NO_3)_2$ 和 $Al(NO_3)_3$ 作为前驱体；焙烧温度，1000℃；反应温度，380℃；pH，7～8；粒

径，20～40目；载气 N_2 流速，1mL/min；进料速度，1mL/h；原料，20%（质量分数）乳酸水溶液。

3.4.2.3 焙烧温度的影响

表3-25和图3-35为焙烧温度对催化剂催化性能的影响。当焙烧温度由550℃逐渐升至750℃时，乳酸转化率由75.9%升至100%；当焙烧温度从

表 3-25 焙烧温度的影响

焙烧温度/℃	乳酸转化率/%	选择性/%					比表面催化速率/[μmol/(h·m²)]	
		AD	PA	AC	AA	PD	LA消耗速率	AD生成速率
550	75.9	83.5	5.0	5.3	4.2	1.7	166.0	138.6
750	100	88.4	3.0	4.7	2.7	1.0	443.9	392.4
900	100	91.0	2.4	3.3	2.2	0.9	616.6	561.1
1000	100	91.4	2.6	2.2	2.6	0.9	878.1	802.6
1200	24.3	71.8	12.7	4.7	6.5	4.0	2247.5	1613.7

注：$Mg_{0.388}Al_{2.408}O_4$ 用量，0.38mL；镁铝摩尔比，1:2；粒径，20～40目；载气 N_2 流速，1mL/min；进料速度，1mL/h；原料，20%（质量分数）乳酸水溶液，反应温度，380℃；运行时间，6～8h。

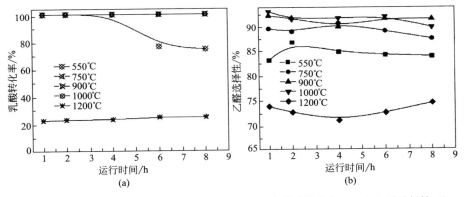

图 3-35　不同焙烧温度制备镁铝复合氧化物随时间运行乳酸转化率（a）和乙醛选择性（b）

750℃到1000℃时，乳酸转化率始终保持在100%；但是当焙烧温度进一步升高至1200℃时，乳酸转化率迅速降低（24.3%）。尽管在所有焙烧温度（550～1200℃）中，焙烧1200℃制备催化剂具有最高的比表面催化反应速率[（乳酸消耗速率，2247.5μmol/（h·m²）；乙醛生成速率，1613.7μmol/（h·m²）]，但由于其比表面积只有 3.2m²/g，远远低于其他催化剂（63.8～224.1m²/g），所以其催化乳酸转化率和乙醛选择性也是最低的。

为了更好地理解焙烧温度对催化剂催化性能的影响，可以借助 X 射

线粉末衍射测试[图 3-39(b)]。随焙烧温度的增加，$Mg_{0.388}Al_{2.408}O_4$ 特征衍射峰逐渐增强，这表明高温有利于 $Mg_{0.388}Al_{2.408}O_4$ 的形成，因此把 $Mg_{0.388}Al_{2.408}O_4$ 看作活性物种。所以随焙烧温度增加其催化性能逐渐增强。需要注意的是，当焙烧温度升至 1200℃时，乳酸转化率迅速降低至 24.3%。这是因为当温度升至 1200℃时催化剂部分分解或转化为其他物质。另外，与乳酸转化率相似，在 750~1000℃乙醛选择性只有轻微波动。这可以理解为使用 $Mg_{0.388}Al_{2.408}O_4$ 催化剂选择性催化乳酸脱羰生成乙醛。

3.4.3 催化剂表征

3.4.3.1 全自动氮气吸脱附（BET）

对于非均相催化剂，由于催化反应发生在催化剂表面，故催化剂比表面积大小成为影响反应性能的一个重要因素[29,41~43]。这一部分对不同条件（pH 值、焙烧温度、镁铝摩尔比）制备催化剂的比表面积、孔体积、孔分布等在液氮 77K 条件下使用氮气吸脱附（美国康塔）进行测试研究，结果见表 3-26~表 3-28 和图 3-36~图 3-38。

从表 3-26 给出的 BET 数据可以看出除在 pH=8~9 条件下制备催化剂外，镁铝复合氧化物比表面积随 pH 值升高而降低。例如，在 pH=7~8 条件下制备催化剂比表面积为 63.8m^2/g，而当 pH>11 时比表面积降到 46.4m^2/g。催化剂孔尺寸随 pH 值升高而增大，当 pH=7~8 时孔径只有 13.1nm，但是当 pH>11 时，孔径升高到 34.4nm。

表 3-26 不同 pH 制备镁铝复合氧化物氮气等温吸脱附测试数据①

pH 值	比表面积/(m^2/g)	孔容/(cm^3/g)	孔径②/nm
7~8	63.8	0.32	13.1
8~9	44.4	0.40	24.2
10~11	51.3	0.40	24.3
>11	46.4	0.34	34.4

① 镁铝摩尔比，1:2；焙烧温度，1000℃。

② 采用脱附支数据 Barrett-Joyner-Halenda（BJH）模型进行计算。

表 3-27 为焙烧温度对样品比表面积、孔容和孔径的影响。样品的比表面积对焙烧温度非常敏感，例如，在 550℃时焙烧比表面积为 224.1m^2/g，在 1200℃时则迅速降低至 3.2m^2/g，类似的变化在 Mg-Al-O 复合材料中[39]也被报道过。与比表面积相反，样品的孔尺寸则随焙烧温度升高而迅速升高。

表 3-27　不同焙烧温度制备镁铝复合氧化物氮气等温吸脱附测试数据[1]

焙烧温度/℃	比表面积/(m²/g)	孔容/(cm³/g)	孔径[2]/nm
550	224.1	0.33	4.7
750	114.0	0.35	8.1
900	84.8	0.38	13.1
1000	63.8	0.32	13.1
1200	3.2	0.40	61.2

① 镁铝摩尔比，1:2；pH，7~8。

② 采用脱附支数据 Barrett-Joyner-Halenda（BJH）模型进行计算。

表 3-28 为不同镁铝摩尔比条件下制备样品及纯净的 MgO 和 Al_2O_3 比表面积、孔容和孔径等物理性质。可以清楚地看到，所有的镁铝复合氧化物都比纯的 MgO（$16.4m^2/g$）或 Al_2O_3（$38.7m^2/g$）具有更高的比表面积。这表明包含镁铝的沉淀物在 1000℃ 高温焙烧后可能形成了新的物相。纯 MgO 孔径为 2.9nm，镁铝摩尔比为 1:1 条件下制备样品孔径为 24.2nm，除这两个样品之外，其他样品的孔径分布都比较接近，为 9.0~13.1nm。

表 3-28　不同镁铝摩尔比制备镁铝复合氧化物氮气等温吸脱附测试数据[1]

Mg/Al	比表面积/(m²/g)	孔容/(cm³/g)	孔径[2]/nm
MgO	16.4	0.24	2.9
1:1	55.1	0.37	24.2
1:2	63.8	0.32	13.1
1:3	64.1	0.29	13.1
1:6	62.0	0.20	10.0
1:8	53.2	0.19	9.0
Al_2O_3	38.7	0.21	10.0

① 焙烧温度，1000℃；pH，7~8。

② 采用脱附支数据 Barrett-Joyner-Halenda（BJH）模型进行计算。

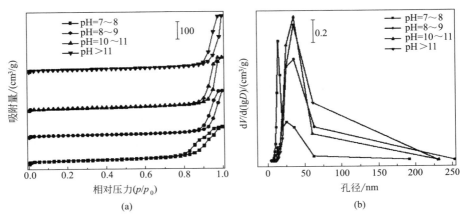

图 3-36　不同 pH 制备镁铝复合氧化物氮气吸脱附等温线（a）及相应孔分布曲线（b）

反应条件：镁铝摩尔比为 1:2，焙烧温度为 1000℃

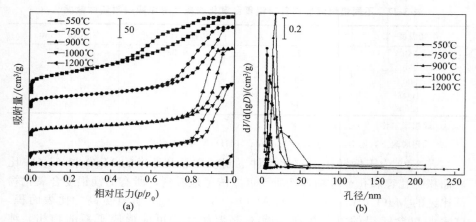

图 3-37　不同焙烧温度制备镁铝复合氧化物氮气吸脱附等温线(a)及相应孔分布曲线(b)

反应条件：镁铝摩尔比为 1∶2，pH 值为 7～8

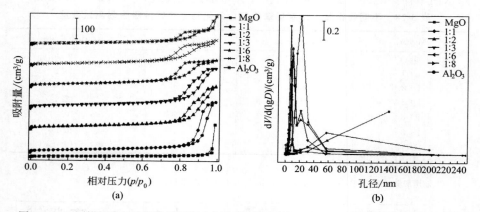

图 3-38　不同镁铝摩尔比制备镁铝复合氧化物氮气吸脱附等温线(a)及相应孔分布曲线(b)

反应条件：焙烧温度为 1000℃，pH 值为 7～8

3.4.3.2　X 射线粉末衍射（XRD）和傅里叶红外（FT-IR）

图 3-39（a）为不同 pH 值条件下制备的镁铝复合氧化物 XRD 谱图。可以清楚地看到 pH＝7～8 条件下制备样品的特征衍射峰与镁铝复合氧化物标准卡片（$Mg_{0.388}Al_{2.408}O_4$，PDF♯48-0528）完全吻合，在 19.2°、31.6°、37.3°、45.4°、56.5°、60.2°和 66.3°都表现出了非常强的特征衍射峰，分别对应 (111)、(220)、(311)、(400)、(422)、(511) 和 (440) 晶面。其他样品则与尖晶石标准卡片（$MgAl_2O_4$，PDF♯21-1152）完全吻合，在 19.2°、31.4°、37.0°、44.9°、59.4°和 65.5°都表现出了非常强的特征衍射峰，分别与镁铝尖晶石的 (111)、(220)、(311)、(400)、(511) 和 (440) 晶面一一对应。这一

结果表明 pH 值对镁铝复合氧化物的形成具有重要的影响。

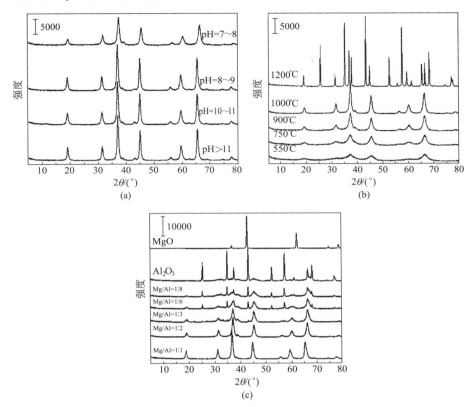

图 3-39　不同 pH 值 (a)、不同焙烧温度 (b) 及不同镁铝摩尔比 (c) 制备镁铝复合氧化物 XRD
反应条件：(a) 镁铝摩尔比为 1∶2，催化剂焙烧温度为 1000℃；(b) pH 值为 7～8，
镁铝摩尔比为 1∶2；(c) pH 值为 7～8，催化剂焙烧温度为 1000℃

图 3-39（b）为焙烧温度对 Mg-Al-O 复合物（$Mg_{0.388}Al_{2.408}O_4$）形成的影响。当焙烧温度较低时，如在 550℃ 就能观测到 $Mg_{0.388}Al_{2.408}O_4$ 的特征衍射峰，但此时的衍射峰强度较低，说明形成的 $Mg_{0.388}Al_{2.408}O_4$ 复合氧化物结晶度较低。当焙烧温度由 550℃ 升高至 1000℃ 时，$Mg_{0.388}Al_{2.408}O_4$ 特征衍射峰逐渐增强，表明随焙烧温度升高其结晶度增强。当焙烧温度进一步升高到 1200℃ 时，发现有新的衍射峰产生，表明 $Mg_{0.388}Al_{2.408}O_4$ 结构遭到破坏或转化为新物相。

图 3-39（c）为不同镁铝摩尔比条件下制备镁铝复合氧化物及纯的 MgO 和 Al_2O_3 的 X 射线粉末衍射（XRD）表征结果。镁铝摩尔比为 1∶1 条件下制备样品展现出的特征衍射峰与尖晶石标准卡片（$MgAl_2O_4$，PDF♯21-1152）完全吻合。

根据文献报道，合成 $MgAl_2O_4$ 尖晶石要求 pH 值为 9[16,38,39,44]。然而，合成镁铝复合氧化物要求 pH 值为 7～8，比镁铝尖晶石制备碱性更弱更接近中性环境。也注意到 Al(OH)$_3$ 的溶度积常数（4.57×10^{-33}）远低于 Mg(OH)$_2$ 的溶度积常数（1.82×10^{-11}）。氨水作为沉淀剂时，高浓度的 Mg 前驱体补偿了共沉淀过程中低的 pH 值，因此在镁铝摩尔比为 1∶1 条件下得以形成尖晶石结构。与此同时，少量的 MgO 形成并存在于镁铝复合氧化物中。当镁铝摩尔比升高至 1∶2 时，复合氧化物 Mg$_{0.388}$Al$_{2.408}$O$_4$ 得以形成。随着镁铝摩尔比逐渐升高，样品中 Al$_2$O$_3$ 含量逐渐增加。

傅里叶红外分析表征结果见图 3-40。

图 3-40（a）中 pH＞8 条件下制备的三个样品谱图完全一致。在

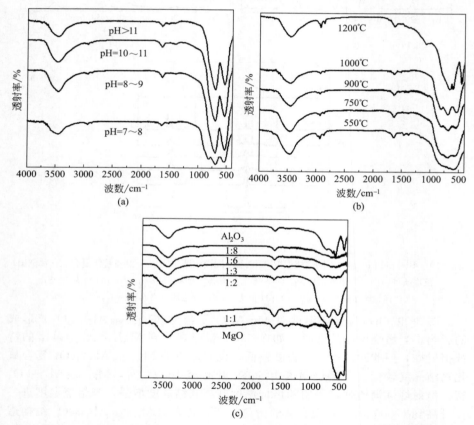

图 3-40 不同 pH 值（a）、不同焙烧温度（b）及不同镁铝摩尔比（c）制备镁铝复合氧化物 IR
反应条件：（a）镁铝摩尔比为 1∶2，催化剂焙烧温度为 1000℃；（b）pH 值为 7～8，
镁铝摩尔比为 1∶2；（c）pH 值为 7～8，催化剂焙烧温度为 1000℃

3440cm^{-1} 和 1630cm^{-1} 附近吸收带分别归为 OH 和 H$_2$O 吸收[37~39]；样品在 533cm^{-1} 和 700cm^{-1} 处两个特征吸收峰归为 ［AlO$_6$］官能团和 Mg—O 官能团的晶格伸缩振动，表明样品具有镁铝尖晶石（MgAl$_2$O$_4$）结构[38]。图 3-40（a），pH＝7～8 条件下制备样品在 900～500cm^{-1} 吸收振动峰与其

他谱图是不同的，此为镁铝复合物（$Mg_{0.388}Al_{2.408}O_4$）与其他尖晶石样品（$MgAl_2O_4$）的区别所在。这一结果与前面部分提及 X 射线粉末衍射法（XRD）表征结果完全吻合。

图 3-40（b）为不同焙烧温度条件下制备样品傅里叶红外谱图。当焙烧温度低于 1000℃时，这些样品的红外谱图中除了吸收峰强度不同外基本一致。然而，当焙烧温度升高至 1200℃时，红外谱图与 1000℃时比较有较大变化，说明样品表面官能团有所不同。这一结果与图 3-39（b）中 XRD 表征结果相吻合。

图 3-40（c）为不同镁铝摩尔比条件下制备样品傅里叶红外谱图。从图中可以看出在镁铝摩尔比为 1：1 条件下制备样品在 $819cm^{-1}$ 具有较弱的吸收峰，与之相比在镁铝摩尔比为 1：2 条件下制备样品则明显消失，这表明两个样品具有不同的分子结构。

3.4.3.3　化学吸脱附（NH_3-TPD/CO_2-TPD）

图 3-41 和图 3-42 分别为不同 pH 值、不同焙烧温度、不同镁铝摩尔比条件下制备样品 NH_3-TPD 及 CO_2-TPD 数据谱图。

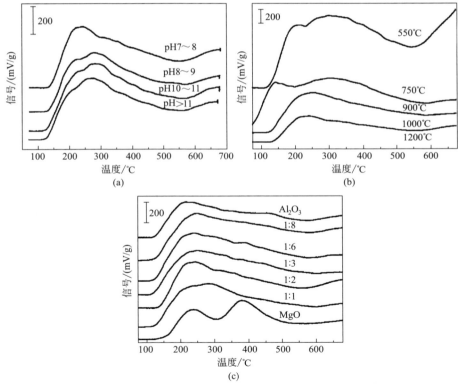

(a)

(b)

(c)

图 3-41　不同制备条件制备镁铝复合氧化物 NH_3-TPD 谱图

由图 3-41（a）和图 3-42（a）可以看到，在 150～300℃ pH＝7～8 条件下制备样品展示了一个较大的脱附峰，这是弱酸位（或弱碱位）和中等强度酸位（或碱位）。其他 pH＞8 条件下制备样品的脱附峰集中在 200℃ 左右，表明酸性（碱性）随 pH 值增大而增加。

图 3-41（b）和图 3-42（b）数据显示中强酸位（或碱位）特征脱附峰随焙烧温度增加由 400℃ 左右逐渐降低，表明样品酸位（或碱位）减少。值得注意的是，当焙烧温度升高至 1200℃ 时样品脱附峰基本消失。这些都表明样品 1200℃ 高温焙烧后表面酸性和碱性都是最弱的。

图 3-41（c）和图 3-42（c）分别为不同镁铝摩尔比制备镁铝复合氧化物、纯氧化铝和氧化镁 TPD 数据。比较纯氧化镁 NH_3-TPD 和 CO_2-TPD 数据，发现在 250℃ 和 400℃ 存在两个脱附峰，前者脱附峰比后者更大。这些结果都表明氧化镁表面不存在酸碱平衡。进一步观察纯氧化镁 CO_2-TPD 数据，可以很容易地发现在氧化镁表面弱碱位明显多于强碱位。至于纯氧化铝，从图 3-41（c）可以观察到除在 200℃ 存在一个脱附峰外，在 450℃ 也出现一个较弱的脱附峰，这表明在纯氧化铝表面不仅存在弱酸位也存在着中等强度酸位。观察图 3-42（c）纯氧化铝 CO_2-TPD 曲线，纯氧化铝只在 200℃ 存在一个脱附峰。不同镁铝摩尔比制备样品除镁铝摩尔比为 1∶1 外，其他样品均在低温区（150～300℃）存在一个较大的脱附峰，表明在样品表面均存在弱酸位（或弱碱位）和中等强度酸位（或中等强度碱位）。此外，脱附峰强度略有不同，表明弱酸位（或弱碱位）和中等强度酸位（或碱位）的量也略有不同。

3.4.4　$Mg_{0.388}Al_{2.408}O_4$ 催化乳酸制乙醛工艺条件优化

3.4.4.1　反应温度的影响

根据之前对催化剂制备条件的讨论，获得了催化剂 $Mg_{0.388}Al_{2.408}O_4$ 最佳制备条件（pH 值为 7～8；焙烧温度为 1000℃；镁铝摩尔比为 1∶2）。接下来研究反应条件对乳酸脱羰反应的影响。作为一个决定反应速率和反应选择性的重要因素[9,10]，反应温度是需要首先进行研究的。图 3-43（a）为反应温度对乳酸脱羰反应的影响，当反应温度由 320℃ 升高至 380℃ 时，乳酸转化率也逐渐升高。对于同一催化剂，表面反应速率也随温度的升高而逐渐增大。基于此，乳酸转化率也随反应温度的升高而逐渐升高。然而当反应温度升高至

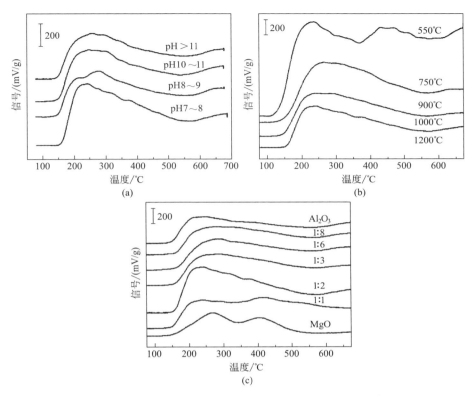

图 3-42　不同制备条件制备镁铝复合氧化物 CO_2-TPD 谱图

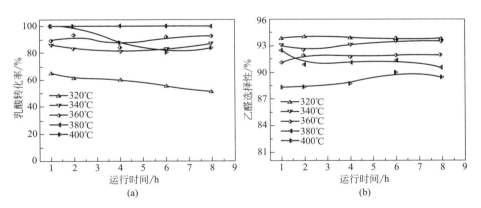

图 3-43　反应温度对乳酸转化率（a）和乙醛选择性（b）的影响

催化剂用量为 0.38mL、0.28g，镁铝摩尔比 1∶2，pH＝7～8，催化剂焙烧温度
为 1000℃，粒径：20～40 目，载气 N_2 流速：1mL/min，原料液：20%乳酸水
溶液（质量分数），进料速度：1mL/h

400℃时，在 2～6h 时乳酸转化率迅速降低。值得注意的是，在 400℃时表面
反应速率与 360℃或 380℃相比也降低了，这表明催化剂部分活性位失活。对

于乙醛选择性（表 3-29），当反应温度升高时其只有轻微降低。另外结合 TOS 及乙醛选择性，见图 3-43（b）可以清楚地看到乙醛选择性受 TOS 影响较小。

表 3-29　反应温度的影响

反应温度/℃	乳酸转化率/%	选择性/%					比表面催化速率/[μmol/(h·m²)]	
		AD	PA	AC	AA	PD	LA 消耗速率	AD 生成速率
320	54.7	93.7	1.2	1.9	2.6	0.3	437.4	409.9
340	82.3	93.5	1.4	1.5	2.5	0.9	670.1	626.6
360	91.9	92.0	1.9	1.8	3.0	1.0	776.5	714.4
380	100	91.4	2.6	2.2	2.6	0.9	878.1	802.6
400	80.0	90.1	2.8	2.5	2.0	0.9	716.5	645.6

注：催化剂用量为 0.38mL，0.28g；镁铝摩尔比 1∶2；pH＝7～8；催化剂焙烧温度为 1000℃；粒径，20～40 目；载气 N₂ 流速，1mL/min；原料液；20%乳酸水溶液；进料速度，1mL/h；取运行时间 6～8h。

3.4.4.2　乳酸浓度的影响

在反应温度为 380℃时，探究了乳酸浓度对催化剂 $Mg_{0.388}Al_{2.408}O_4$ 催化性能的影响（表 3-30）。发现其不同于硫酸铝催化剂得到的结果[7]，虽然乳酸转化率受乳酸浓度变化的影响，但乙醛选择性几乎不受乳酸浓度的影响。当乳酸浓度低于 20%时，乳酸完全转化。但是当乳酸浓度超过 30%时，乳酸开始有部分剩余。对于其他副产物如丙酸、乙酸、丙烯酸等，其选择性随乳酸浓度的增加有轻微波动。但 2,3-戊二酮的选择性随乳酸浓度的增加有规律升高。由于 2,3-戊二酮是两分子乳酸通过克莱森缩合反应（脱水和脱羧两步）形成的[29,45]，因此高乳酸浓度有利于缩合反应形成 2,3-戊二酮。但 2,3-戊二酮的选择性远低于其他副产物，这表明除了乳酸浓度这一因素外，酸碱性也是影响 2,3-戊二酮形成的重要因素[42,45,46]。如图 3-42 所示，CO_2-TPD 表征结果可以看到只有在低温区出现脱附峰，这表明催化剂表面存在弱碱性位，故在 380℃时催化剂 $Mg_{0.388}Al_{2.408}O_4$ 只有较低的 2,3-戊二酮选择性。

表 3-30　乳酸浓度的影响

乳酸质量分数/%	乳酸转化率/%	选择性/%					比表面催化速率/[μmol/(h·m²)]	
		AD	PA	AC	AA	PD	LA 消耗速率	AD 生成速率
10	100	91.2	2.2	4.0	1.5	0.6	476.4	434.5
15	100	91.5	1.8	3.5	2.2	0.6	685.5	627.2
20	100	91.7	2.5	2.6	2.0	0.8	878.1	805.2
30	91.8	91.2	2.3	3.2	2.0	0.9	1081.9	986.7
40	90.5	91.7	1.6	2.9	2.2	1.0	1286.6	1179.8

注：催化剂用量为 0.38mL，0.28～0.30g；镁铝摩尔比 1∶2；pH＝7～8；催化剂焙烧温度为 1000℃；粒径，20～40 目；载气 N₂ 流速，1mL/min；进料速度，1mL/h；取运行时间 1～2h。

3.4.4.3　液空速(LHSV)的影响

液空速通常被用来评估多相催化剂的催化性能[43,47～49]。表 3-31 为乳酸进料液空速对反应性能的影响。反应在 380℃下进行，乳酸进料速度由 0.5mL/h 增加到 10mL/h（相当于液空速为 1.3～26.3h^{-1}）。当液空速低于 8.4h^{-1} 时，乳酸转化率始终保持在 100%。当液空速由 8.4h^{-1} 变化到 26.3h^{-1} 时，乳酸转化率由 100% 降低到 82.9%。不同于乳酸转化率，乙醛选择性随乳酸液空速增加而缓慢增加。因为乳酸与 Mg$_{0.388}$Al$_{2.408}$O$_4$ 催化剂表面的接触时间随液空速的增大缩短，故提高乳酸的液空速有利于乙醛的选择性形成，这表明乳酸脱羧反应相比于其他副反应是一个快反应。随乳酸液空速增加表面催化反应速率迅速增加。例如，当乳酸液空速为 1.3h^{-1} 时，乳酸消耗速率为 228.5μmol/（h·m^2）；而当乳酸液空速提升至 26.3h^{-1} 时，乳酸消耗速率可达到 74249.9μmol/（h·m^2）。基于此，乳酸在高液空速时（如 26.3h^{-1}），乳酸转化率非常高（82.9%）。

表 3-31　乳酸进料液空速的影响

乳酸液空速/h^{-1}	乳酸转化率/%	选择性/%					比表面催化速率/[μmol/(h·m^2)]	
		AD	PA	ACA	AA	PD	LA 消耗速率	AD 生成速率
1.3	100	89.0	4.0	3.2	2.1	1.4	228.5	203.4
2.6	100	91.7	2.5	2.6	2.0	0.9	878.1	805.2
3.9	100	92.1	1.9	2.3	2.7	0.6	1919.3	1767.6
5.2	100	91.9	1.8	2.2	3.2	0.9	3317.2	3048.5
8.4	100	93.2	1.5	1.8	2.1	0.9	7463.8	6956.3
13.0	97.2	94.0	1.3	1.3	2.4	0.7	19785.9	18598.7
20.8	88.5	95.0	0.9	1.3	2.0	0.4	45294.6	43029.9
26.3	82.9	95.1	0.9	1.4	2.0	0.2	74249.9	70611.6

注：催化剂用量为 0.38mL，0.29～0.30g；镁铝摩尔比，1:2；pH=7～8；催化剂焙烧温度为 1000℃；粒径，20～40 目；载气 N$_2$ 流速，1mL/min；原料液，20% 乳酸水溶液；取运行时间 1～2h。

3.4.4.4　催化剂稳定性测试

高效稳定运行是多相催化剂研发过程的一个重要要求[9~13]。在反应温度为 380℃、乳酸进料速度为 5mL/h（相当于液空速为 13.0h^{-1}）条件下对催化剂进行稳定性测试，结果见图 3-44。

图 3-44 中乳酸转化率随反应时间延长发生缓慢变化。反应运行 400h 乳酸转化率由初始值 95% 降至 70%；运行 500h 乳酸转化率仍保持在 58% 以上。整个实验运行过程中乙醛选择性基本保持不变（>93%）。根据文献调

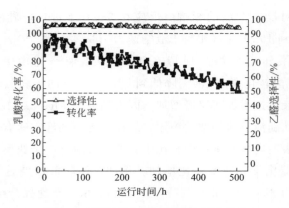

图 3-44　镁铝复合氧化物催化剂稳定性

反应条件：催化剂用量为 0.38mL，0.30g，镁铝摩尔比为 1∶2，粒径为 20～40 目，

载气 N_2 流速为 1mL/min，原料液为 20%乳酸水溶液，

进料速度为 5mL/h，反应温度为 380℃

研，认为这是到目前为止关于乳酸转化率、乙醛选择性最好的实验结果。值得一提的是，$Mg_{0.388}Al_{2.408}O_4$ 催化乳酸反应时设定的液空速为 $13.0h^{-1}$，是文献报道的 5 倍以上[7,40]，在此液空速下有这样的实验结果实属不易。

乳酸脱羰反应高效稳定运行也与催化剂表面酸平衡有密切关系。如前所述，乳酸脱羰生成乙醛的反应需要在弱酸或酸性中心上进行，强酸位很容易使 C—C 键断裂，使得反应物积炭或结焦在催化剂表面活性位上，导致催化剂迅速失活[11,34,50]。NH_3-TPD 与 CO_2-TPD 分析结果表明复合氧化物 $Mg_{0.388}Al_{2.408}O_4$ 表面存在大量适合脱羰反应的弱酸及中等强度酸位，而与副反应相关的强酸位分布较少，优良的酸碱平衡使 $Mg_{0.388}Al_{2.408}O_4$ 得以展示出高乙醛选择性以及稳定的催化活性。

3.4.5 镁铝复合氧化物 $Mg_{0.388}Al_{2.408}O_4$ 的催化性能与表面酸碱性关联

由之前的报道可知，钙羟基磷灰石催化乳酸脱水制备丙烯酸依赖于催化剂表面的酸碱性质[33,51]。根据前面 3 节的介绍，乳酸脱羰反应也和催化剂的酸碱性有关[7,40,52,53]，本节试图关联催化剂表面的酸碱性与催化脱羰反应活性，以阐明催化剂的构效关系。根据图 3-41（a）、图 3-42（a）及图 3-45 实验结果，可以看出改变催化剂制备过程 pH 值，催化剂表面酸碱性也相应发生变化。有文献报道指出，NH_3-TPD/CO_2-TPD 在 150～300℃ 脱附峰所对应的酸碱性才有利于乳酸脱羧反应[40]。

尝试将不同 pH 值制备催化剂表面酸碱性与乳酸消耗速率以及产品乙醛的形成速率相关联，得到结果见图 3-46 和图 3-47。可以清楚地看到除酸密度为 $1.2\mu mol/m^2$ 外，对应 pH＝7～8 条件，乳酸消耗速率随酸密度增加而增快，但随表面碱密度增加而减慢。表面上看，似乎酸密度为 $1.2\mu mol/m^2$（pH＝7～8）时乳酸消耗速率 ［878.1μmol/（h•m^2）］低于其他催化剂，实际上，此时乳酸消耗速率为 74249.9μmol/（h•m^2）（对应表 3-31 中乳酸转化率为 82.9%），比其他催化剂 819.8～963.6μmol/（h•m^2）（对应表 3-23 中乳酸转化率 67.9%～79.1%）快两个数量级。同样，乙醛生成速率也随表面酸密度的增大而升高，随表面碱密度的增大而降低。观察到的乳酸消耗和乙醛形成表面催化反应速率随酸密度增加、随碱密度减少的变化关系很好地契合了之前的报道[33,34,40]。

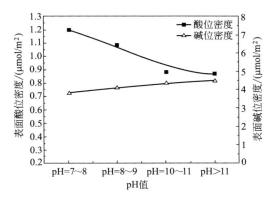

图 3-45 不同 pH 制备镁铝复合氧化物表面酸碱性

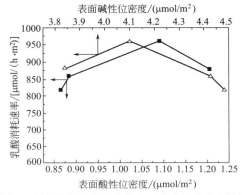

图 3-46 不同 pH 制备镁铝复合氧化物表面酸碱性对乳酸消耗速率的影响

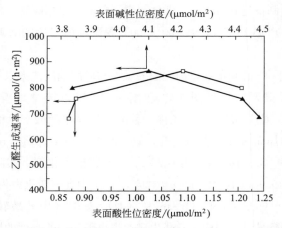

图 3-47 不同 pH 制备镁铝复合氧化物表面酸碱性对乙醛形成速率的影响

3.5 磷酸铈的制备、表征及催化乳酸脱羧反应

近年来，稀土金属化合物的催化性能引起人们的广泛关注。人们在研究磷酸镧纳米棒(LaP)[54]和磷酸铈纳米棒(CeP)[55]催化乳酸脱水制丙烯酸反应中，发现结构导向剂不仅影响 LaP、CeP 材料的孔隙率，而且对催化剂表面酸碱性还有一定改善，而乳酸脱羧制乙醛反应的关键是要把控好催化剂的酸碱性。本小节研究工作不采用结构导向剂，仅通过改变合成条件调控晶面生长，考察晶面变化与催化剂表面酸碱性之间的关系。具体来讲，考察不同的磷酸盐前驱体、氨水和高温焙烧等合成条件对 $CePO_4$ 晶面及表面酸碱性的影响，并关联晶面与乳酸脱羧反应活性之间的关系。

3.5.1 $CePO_4$ 磷酸铈的制备

称取 $Ce(NO_3)_3 \cdot 6H_2O$ 8.68g，将其置于 300mL 蒸馏水中，搅拌 30min 至完全溶解。将 3.98g $Na_4P_2O_7$ 缓慢加入到前述铈盐溶液中，随着 $Na_4P_2O_7$ 的加入，有白色沉淀生成，继续搅拌 2h。在 10000r/min 条件下离心分离得到白色沉淀物。使用蒸馏水洗涤 3 次以上。120℃条件下干燥 6h 后，550℃条件下焙烧 4h，备用。Na_3PO_4、$Na_5P_3O_{10}$ 和（$NH_4)_xH_{3-x}PO_4$（$x=2,3$）等其他磷酸盐制备

$CePO_4$ 的方法与此过程类似。

氨水修饰的 $CePO_4$ 的制备：将 $CePO_4$ 在 $pH=8\sim9$ 的氨水中浸渍 6h，然后在 80℃下缓慢蒸发，得到白色固体粉末，550℃条件下焙烧 4h，备用。

3.5.2　$CePO_4$ 催化剂的表征

图 3-48 是 $Ce(NO_3)_3$ 与磷酸盐前驱体反应获得的 $CePO_4$ 样品，经 550℃焙烧 4h 后的 XRD 谱图。从图 3-48 中可以看出，以 Na_3PO_4、$Na_4P_2O_7$、$Na_5P_3O_{10}$ 和 $(NH_4)_xH_{3-x}PO_4$ $(x=2,3)$ 为磷酸盐前驱体合成的所有样品的 XRD 谱图大致相同，都形成了 $CePO_4$ 物相。但是，所获得的 $CePO_4$ 样品随磷酸盐前驱体的变化在 $2\theta=28.8$[相应晶面(120)]和 $2\theta=31.1$[相应晶面(012)]处的两个特征衍射峰强度不同。表 3-32 列出了 R[(012)/(120)]表示的晶面(012)和晶面(120)的强度比，$CePO_4$ 标准卡片（PDF 83-0650）中 R[(012)/(120)]值为 0.715，由 $Na_4P_2O_7$ 和 $(NH_4)_xH_{3-x}PO_4$ 相关谱图计算的 R[(012)/(120)]值均大于 1，说明样品在 $2\theta=31.1°$处衍射峰有所增强，即以 $Na_4P_2O_7$ 和 $(NH_4)_xH_{3-x}PO_4$ 合成的 $CePO_4$ 有晶面(012)择优取向。

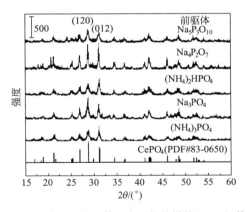

图 3-48　通过 $Ce(NO_3)_3$ 与磷酸盐前驱体反应而得的样品经 550℃焙烧 4h 的 XRD 谱图

表 3-32　晶面 (012) 和晶面 (120) 之间的强度比 R [(012) / (120)]

磷酸盐前驱体	R[(012)/(120)]
$Na_5P_3O_{10}$	0.868
$Na_4P_2O_7$	1.057
Na_3PO_4	0.693
$(NH_4)_3PO_4$	1.303
$(NH_4)_2HPO_4$	1.424
标准样品 （PDF 83-0650，$CePO_4$）	0.715

图 3-49 展示了 $Ce(NO_3)_3$ 与五种磷酸盐前驱体反应制得的 $CePO_4$ 在 550℃ 条件下焙烧 4h 后样品的傅里叶红外（FT-IR）谱图。在 $1064cm^{-1}$ 处出现的宽的吸收带归属于 P═O 键伸缩振动，在 $623cm^{-1}$ 和 $575cm^{-1}$ 处的吸收带分别归属于 O═P—O 和 O—P—O 的弯曲振动，这些吸收带的出现说明样品中含有磷酸基团[55~57]。除此之外，样品在 $535cm^{-1}$ 处的吸收带应归属于 Ce—O 键的伸缩振动。因此，傅里叶红外（FT-IR）波谱佐证样品具有 $CePO_4$ 的结构。

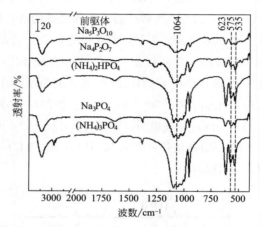

图 3-49　通过 $Ce(NO_3)_3$ 与磷酸盐前驱体反应 550℃ 焙烧 4h 样品的 FT-IR 谱图

图 3-50 展示了 $Ce(NO_3)_3$ 与 $Na_4P_2O_7$ 反应制得的 $CePO_4$ 在 550℃ 条件下焙烧 4h 后样品的透射电子显微镜 TEM、高分辨率的透射电镜图像 HR-TEM、电子衍射和 EDX 能谱。图 3-50（b）是高分辨透射电镜图像 HRTEM 测试结果，根据晶格间距比对，发现图中所显示的为 $CePO_4$ (012) 晶面。图 3-50（d）是样品 EDX 测试结果，可观察到 Ce、P、O 三种元素，没有观察到其他元素的电子衍射峰，表明样品纯度高。

表 3-33 列出了 $Ce(NO_3)_3$ 与五种磷酸盐前驱体合成 $CePO_4$ 样品在 550℃ 焙烧 4h 后的 BET 数据。发现以单磷酸 Na_3PO_4 得到的 $CePO_4$ 样品比表面积为 $15.1m^2/g$，以三聚磷酸 $Na_5P_3O_{10}$ 制得样品的比表面积为 $3.6m^2/g$，说明磷酸盐前驱体聚合度高得到的 $CePO_4$ 比表面积小。不但如此，单一磷酸类中不同阳离子对样品结构特性也有影响，磷酸盐前驱体从 Na_3PO_4、$(NH_4)_2HPO_4$ 到 $(NH_4)_3PO_4$，所得 $CePO_4$ 比表面积依次增大，孔径逐渐减小。

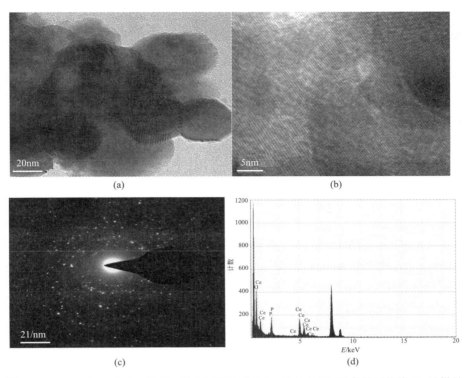

图 3-50 Ce(NO$_3$)$_3$ 与 Na$_4$P$_2$O$_7$ 反应制得的 CePO$_4$ 样品在 550℃ 条件下焙烧 4h 后样品的 TEM (a)、HRTEM (b)、电子衍射 (c) 和 EDX 能谱 (d)

表 3-33　Ce(NO$_3$)$_3$ 与不同磷酸盐前驱体反应制备的样品在 550℃ 焙烧 4h 后的 BET 数据

磷酸盐前驱体	比表面积/(m^2/g)	孔容/(cm^3/g)	孔径/nm
Na$_5$P$_3$O$_{10}$	3.6	6.1×10^{-2}	30.3
Na$_4$P$_2$O$_7$	6.5	4.2×10^{-2}	3.8
Na$_3$PO$_4$	15.1	1.6×10^{-1}	31.1
(NH$_4$)$_2$HPO$_4$	36.0	1.4×10^{-1}	17.3
(NH$_4$)$_3$PO$_4$	43.7	1.6×10^{-1}	12.4

3.5.3　CePO$_4$ 催化乳酸脱羧反应活性的影响因素

3.5.3.1　磷酸盐前驱体的比较

表 3-34 列出了 Ce(NO$_3$)$_3$ 与五种磷酸盐前驱体反应所得 CePO$_4$ 样品用于催化乳酸脱羧反应的催化活性数据。CePO$_4$ 使用前均在 550℃ 条件下焙烧 4h，反应温度为 350℃，乳酸进料速度为 1.6mL/h。

可以看出，不同磷酸盐前驱体所得 CePO₄ 样品催化活性也不相同。磷酸盐前驱体从 Na_3PO_4、$Na_5P_3O_{10}$ 到 $Na_4P_2O_7$，样品的催化性能逐渐向好，这与表 3-32 中 R[(012)/(120)]值排序或晶面（012）取向相一致。

前期研究表明，乳酸脱羧反应与催化剂的酸碱性有关[1,40,58]。那么由不同前驱体制备的 CePO₄ 催化剂的酸碱性是否能与晶面取向之间建立联系？利用 XRD、NH_3-TPD 和 CO_2-TPD 技术进一步验证，结果如图 3-51 所示。

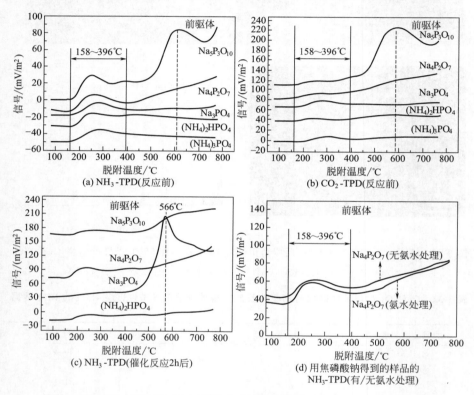

图 3-51 Ce(NO₃)₃ 与不同磷酸盐前驱体反应制备的 CePO₄
样品在 550℃ 条件下焙烧 4h 的 TPD 测试结果

图 3-51（a）对 CePO₄ 进行 NH_3-TPD 测试，样品在 158～396℃ 出现的 NH_3 脱附峰对应于催化剂的弱酸和中等强度酸位点，对脱羧反应有利。NH_3-TPD 和 CO_2-TPD 中在 158～396℃ 脱附峰面积，如表 3-35 所示。结合表 3-34 中的活性数据，以 $Na_4P_2O_7$ 为前驱体制备的 CePO₄ 表现出较强的酸密度和较弱的碱密度，如此的酸碱性位点有利于乳酸脱羧反应进行。以 $Na_5P_3O_{10}$ 制备的 CePO₄ 表现出最强的酸密度和最弱的碱密度，催化性能表现一般。进一步观察图 3-51（a）与（b）图谱，在＞500℃ 时出现了明显的

高温脱附峰，对应的催化剂表面存在强酸或强碱位点，这对乳酸脱羧制乙醛反应是不利的，因为强酸位点易于导致催化剂表面结焦进而失活[7]。以 Na_3PO_4 为前驱体所制备的 $CePO_4$ 样品具有最强的碱密度以及反应后催化剂的酸性强度大大增加，见图 3-51 (c) 和表 3-35，而其他样品几乎与反应之前没有区别，解释了以 Na_3PO_4 制备的 $CePO_4$ 样品在脱羧反应中显示出很差的催化活性的原因。

表 3-34   磷酸盐前驱体在乳酸脱羧制乙醛的比较

序号	磷酸盐前驱体	乳酸转化率/%	选择性/%					碳平衡/%
			AD	AC	PA	PD	AA	
1	$Na_5P_3O_{10}$	79.3	90.2	2.0	3.5	0.2	2.6	92.4
2	$Na_4P_2O_7$	90.1	93.5	1.3	2.9	0.1	2.0	95.4
3	Na_3PO_4	30.3	13.7	11.9	21.8	4.7	10.7	70.3
4	$(NH_4)_3PO_4$	93.1	92.4	1.5	2.5	0.1	3.2	96.6
5	$(NH_4)_2HPO_4$	92.5	91.1	1.8	3.1	0.0	3.7	95.6

注：催化剂，0.38mg；粒径，20～40 目；载气 N_2 流速，1.2mL/min；进料速度，1.6mL/h；乳酸原料，20%（质量分数）水溶液；反应温度，350℃；连续进料时间，1～9h。

表 3-35   在 158～396℃ 脱附峰积分面积

磷酸盐前驱体	脱附峰面积	
	NH_3-脱附峰	CO_2-脱附峰
$Na_5P_3O_{10}$[①]	2081	326
$Na_4P_2O_7$[①]	1953	451
Na_3PO_4[①]	1357	1296
$(NH_4)_3PO_4$[①]	1143	881
$(NH_4)_2HPO_4$[①]	1104	457
$Na_4P_2O_7$[②]	2529	—

① 用磷酸盐前驱体制备的 $CePO_4$ 样品不经氨水处理。

② 用磷酸盐前驱体中制备 $CePO_4$ 样品经氨水处理。

3.5.3.2 氨水和反应温度的影响

如表 3-34 所示，以 $(NH_4)_3PO_4$ 和 $(NH_4)_2HPO_4$ 制备的 $CePO_4$ 样品展示了良好的活性，类似以 $Na_4P_2O_7$ 为前驱体制备 $CePO_4$ 样品的活性，说明氨水处理可能对提高催化性能有潜在影响作用。

用氨水浸渍各种磷酸盐前驱体制备的 $CePO_4$ 样品，评价其催化活性，数据见表 3-36。例如，$Na_4P_2O_7$ 合成的 $CePO_4$ 样品经过氨水处理后催化性能有明显改善。氨水处理前，乳酸转化率和乙醛选择性分别为 90.1% 和 93.5%；用氨水处理后，乳酸转化率和乙醛选择性分别为 94.9% 和 94.3%。图 3-51 (d) 中氨水处理后催化剂的 NH_3-TPD 在 158～396℃ NH_3 脱附峰增大，说明样品的酸位密度在增加，也支持催化剂的催化性能的改善是由于酸性因素的变化。

为了获得最佳的催化活性，对反应温度进行了研究，结果列于表3-36中。在实验温度范围内，随着反应温度升高，乳酸转化率明显增加，乙醛选择性降低。综合考虑转化率和选择性，此催化剂上脱羧反应最佳温度在 320～350℃。在反应温度为 320℃ 时，除了 $Na_4P_2O_7$ 之外，其他磷酸盐前驱体所制备 $CePO_4$ 样品的催化性能几乎没有改善，甚至略有减少。对氨水处理的样品进行 X 射线衍射表征，计算出晶面（012）与晶面（120）的相对强度比 R，同样也观察到晶面（012）的增强有利于乳酸脱羧制乙醛。

表 3-36　氨水对以不同磷酸盐前驱体得到的 $CePO_4$ 催化剂活性的影响

序号	磷酸盐前驱体	反应温度/℃	乳酸转化率/%	选择性/%					碳平衡/%
				AD	AC	PA	PD	AA	
1	$Na_5P_3O_{10}$	320	53.0	91.8	2.1	3.6	0.1	1.5	93.1
2	$Na_4P_2O_7$	320	93.0	95.5	1.5	1.6	0.1	0.9	94.3
3	Na_3PO_4	320	32.1	14.1	12.4	22.7	4.1	12.0	82.8
4	$(NH_4)_3PO_4$	320	92.6	92.9	1.6	0.7	2.1	2.2	92.2
5	$(NH_4)_2HPO_4$	320	83.5	92.1	1.8	2.1	1.3	2.1	92.9
6	$Na_4P_2O_7$	300	80.5	96.4	1.0	1.2	0.1	0.9	95.3
7	$Na_4P_2O_7$	350	94.9	94.3	1.6	2.1	0.1	1.4	96.2
8	$Na_4P_2O_7$	370	97.7	90.9	1.9	3.6	0.1	2.6	90.4

注：催化剂，0.38mg；粒径，20～40 目；载气 N_2 流速，1.2mL/min；进料速度，1.6mL/h；乳酸原料，20%（质量分数）水溶液；连续进料时间，1～9h。

3.5.3.3　焙烧温度的影响

众多研究工作表明晶体生长与焙烧温度有关[19,49]，试图通过控制焙烧温度达到调节 $CePO_4$（前驱体为 $Na_4P_2O_7$）催化性能的目的，并用 XRD 计算出晶面（012）与晶面（120）的相对强度比，结果见图 3-52 及表 3-37，探讨焙烧温度对乳酸脱羧反应的影响，结果见表 3-38。

由图 3-52 可知，焙烧温度为 550℃ 时所得 $CePO_4$ 样品晶面（012）和晶面（120）的相对强度比 R 最大，晶面（012）取向最明显。催化剂焙烧温度对乳酸转化率影响显著，对乙醛选择性略有影响。在焙烧温度 550℃ 乳酸转换化率为 93%，焙烧温度升高到 650℃ 乳酸转化率下降至 77.6%。本实验同样能够说明催化活性与晶面（012）相关，晶面（012）的增强有利于乳酸脱羧制乙醛。

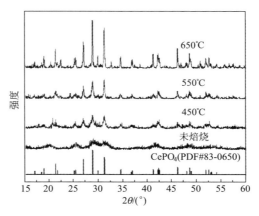

图 3-52　氨水处理后 $CePO_4$ 在不同温度焙烧的 XRD 谱图（$Na_4P_2O_7$ 为前驱体）

表 3-37　焙烧温度对 $R[(012)/(120)]$ 的影响

焙烧温度/℃	$R[(012)/(120)]$
—	—
450	0.971
550	1.066
650	0.887
标准样品（PDF 83-0650，$CePO_4$）	0.715

注：Ce（NO_3）$_3$ 与 $Na_4P_2O_7$ 反应制得的 $CePO_4$ 样品，经氨水处理后，在不同温度下焙烧 4h。

表 3-38　焙烧温度的影响

焙烧温度/℃	乳酸转化率/%	选择性/%					碳平衡/%
		AD	AC	PA	PD	AA	
—	76.1	92.6	1.9	2.2	0.5	1.8	90.4
450	82.9	94.3	1.8	2.1	0.1	1.1	93.1
550	93.0	95.5	1.5	1.6	0.1	0.9	94.3
650	77.6	92.0	2.1	1.7	0.1	1.2	93.6

注：催化剂：通过 $Na_4P_2O_7$ 与 Ce（NO_3）$_3$ 反应得到的 $CePO_4$，其次是氨水处理，在不同温度下焙烧 4h。催化剂装填，0.38mg；粒径，20～40 目；载气 N_2 流速，1.2mL/min；进料速度，1.6mL/h；乳酸原料：20%（质量分数）水溶液；反应温度，320℃；连续进料时间，1～9h。

3.5.3.4　稳定性

　　稳定性和再生能力对非均相催化剂的工业化应用非常重要[9,10]。在反应温度为 320℃、乳酸进料速度为 1.2mL/h、乳酸浓度为 20%（质量分数）条件下，考察了经氨水处理的 $CePO_4$ 催化剂的稳定性。在图 3-53 循环 1 中，可以看到在 26h 内乳酸转化率基本上保持不变，随后明显下降。同样，在最初 7h 内乙醛的选择性也基本保持不变，随后略有下降。活性下降是由于在催化剂表面存有乳酸聚合或积炭。为了验证这一推测，将失活催化剂在空气气氛下 550℃ 时焙烧 10h，随后再进行二次测试。图 3-53 中循环 2 的结果显示催化性能完全恢复了。为了证明催化乳酸制备乙醛为一脱羰过程，采用色谱监测了反应尾气，结果如图 3-54 所示。从反应尾气的色谱分析可见，有大量的一氧化碳产生，而二氧化碳极少，证明该过程为脱羰反应过程。值得注意的是，该催化剂的稳定性远不如前面其他催化剂如介孔 $AlPO_4$ 和 $Mg_{0.388}Al_{2.408}O_4$ [40,59]。但是，通过晶面调控催化剂表面酸碱性，从而改善催化剂性能这一思路具有重要意义，可深度挖掘催化剂结构与活性之间的关系。

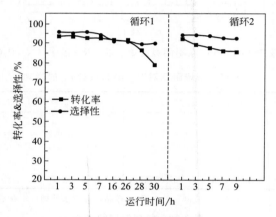

图 3-53　催化剂的稳定性

催化剂条件：通过 $Na_4P_2O_7$ 与 $Ce(NO_3)_3$ 反应得到的 $CePO_4$，其次是氨水处理，在不同温度下焙烧 4h，催化剂装填量为 0.38mg，粒径为 20~40 目，载气 N_2 流速为 1.2mL/min。

循环 1 为新鲜催化剂主体反应连续运行 30h；循环 2 为再生催化剂主体反应连续运行 9h

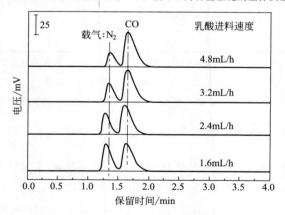

图 3-54　氨水处理 $CePO_4$ GC 尾气分析

反应条件：$Na_4P_2O_7$ 为前驱体，550℃ 条件下焙烧，催化反应温度为 350℃

3.6 乳酸脱羧反应制乙醛反应机理

研究乳酸的反应大都集中在脱水反应，因此研究乳酸脱水制备丙烯酸的反应机理的文献较多[5,33~35,51,60,61]，很少有人探讨乳酸脱羧制备乙醛的反应机理。

基于 $Mg_{0.388}Al_{2.408}O_4$ 催化剂上大量的活性数据及催化剂表征实验证据，提出的乳酸脱羧制备乙醛的可能反应机理如图 3-55 所示。

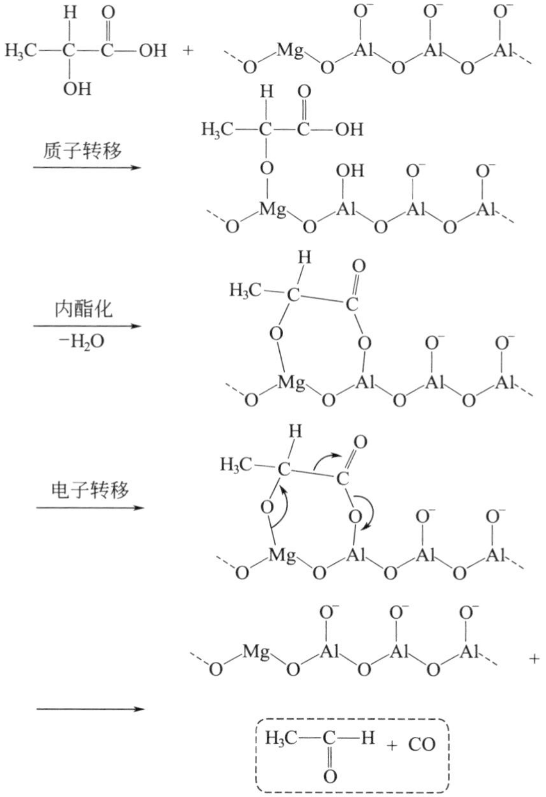

图 3-55　镁铝复合氧化物 $Mg_{0.388}Al_{2.408}O_4$ 催化乳酸制备乙醛可能的反应机理

首先，乳酸在 $Mg_{0.388}Al_{2.408}O_4$ 催化剂表面发生解离吸附，乳酸分子中的羟基与镁发生吸附形成一个 C—O—Mg 键，伴随羟基中质子转移，接着与铝氧酸根形成 Al—OH。随后，Al—OH 进一步与羧基中的—OH 官能团脱去一分子水形成铝酸酯。最后，铝酸酯分解产生乙醛和一氧化碳。

本章小结

以乳酸脱羧合成乙醛为模型反应，本章重点探讨催化剂的织构、表面酸碱性与乳酸脱羧反应活性之间的关系。从催化剂设计、制备方法等去调控催化材料表面的酸碱性，以便更好地进行乳酸脱羧反应。

第一部分，选取了四种硫酸盐和两种杂多酸用来催化乳酸脱羧制备乙醛。在所选的硫酸盐中，硫酸铝具有极好的催化性能，如在高空速 $LHSV=53.5h^{-1}$ 下，乳酸转化率达 85%，乙醛选择性达 88.9%。NH_3-TPD 测试发现，硫酸铝具有弱-中等酸性，而杂多酸具有强酸性。杂多酸的强酸性导致催化剂表面严重积炭，使催化剂迅速失活。相比较而言，硫酸铝催化剂失活速度较慢，活性稳定性时间接近 50h。催化剂再生实验表明，聚乳酸或少量的积炭覆盖活性位点导致的暂时性失活经 500℃ 焙烧 6h，能够使催化剂活性得以恢复。

第二部分，基于乳酸脱羧反应所需弱-中等酸性位点的认识，选择了具有中等酸性位点的介孔磷酸铝作为催化剂，并从制备方法上构建有差别的织构及表面性质。尽管三种磷酸铝的晶型一样且结晶度都极低，但不同方法制备的催化剂比表面积、表面酸量各不相同，从而导致了乳酸脱羧反应活性的差异。拥有最高酸位密度的 MAP3 催化剂，在催化乳酸脱羧反应中就表现出较好的催化活性，如乳酸转化率达 100%，乙醛选择性达 92%，稳定性达 250h 左右。

第三部分，首次将水热稳定的镁铝尖晶石用于催化乳酸脱羧制乙醛反应。镁铝尖晶石的表面酸碱性质受镁铝前驱体、镁铝摩尔比、焙烧温度等影响。高镁铝摩尔比由于具有氧化镁相而具有较高的碱性，破坏了催化剂表面酸碱平衡，展示出了较差的乙醛选择性。1000℃高温下焙烧催化剂有利于增加尖晶石的结晶度从而提高催化活性；1200℃高温下尖晶石相遭到破坏，催化活性大大降低。

第四部分，在镁铝尖晶石催化乳酸脱羧制备乙醛的研究中，发现其催化过程的稳定性欠佳。本部分通过制备过程优化，来提升催化性能。在 pH＝7～8 时有利于形成复合氧化物 $Mg_{0.388}Al_{2.408}O_4$ 结构，高于此 pH

值均形成了尖晶石结构，前者的催化活性比后者更好。在 $550\sim1000$℃ 焙烧，复合氧化物结晶度随温度升高而增强。在乳酸液空速为 $13.0h^{-1}$，反应温度为 380℃条件下，运行 $500h$，乳酸转化率由 95% 降至 70%，乙醛的选择性则在整个过程中几乎保持不变（$>93\%$）。

第五部分，从晶面调控过程控制催化剂表面的酸碱性，实现乳酸脱羧制备乙醛。通过改变磷酸盐前驱体、沉淀过程的碱性与焙烧温度来调控 $CePO_4$ 晶面，实现催化剂表面酸碱性的优化，进而高效催化乳酸脱羧制备乙醛。实际上，磷酸盐前驱体、氨水处理和高温焙烧这些因素可影响晶面择优取向，从而导致催化剂表面酸碱性的改变。XRD 分析表明，拥有良好催化活性的 $CePO_4$ 样品晶面（012）与晶面（120）相对强度比 $R[(012)/(120)]$ 大于 1，即催化剂的性能随着晶面（012）取向增加变得越佳。另外，NH_3-TPD 分析表明，催化剂的酸碱性也随 $R[(012)/(120)]$ 而改变。本部分研究工作建立了"制备方法-$CePO_4$ 晶面-酸碱性-催化活性"之间的相互作用关系。

参 考 文 献

[1] Katryniok B，Paul S，Dumeignil F. Green Chem，2010，12 (11)：1910-1913.

[2] Peng J S，Li X L，Tang C M，et al. Green Chem，2014，16 (1)：108-111.

[3] Korstanje T J，Kleijn H，Jastrzebski J，et al. Green Chem，2013，15 (4)：982-988.

[4] Serrano-Ruiz J C，Dumesic J A. ChemSusChem，2009，2 (6)：581-586.

[5] Zhang J F，Zhao Y L，Pan M，et al. ACS Catal，2011，1 (1)：32-41.

[6] Tao L Z，Yan B，Liang Y，et al. Green Chem，2013，15 (3)：696-705.

[7] Zhai Z J，Li X L，Tang C M，et al. Ind Eng Chem Res，2014，53 (25)：10318-10327.

[8] Tam M S，Craciun R，Miller D J，et al. Ind Eng Chem Res，1998，37 (6)：2360-2366.

[9] Behrens M，Studt F，Kasatkin I，et al. Science，2012，336 (6083)：893-897.

[10] Holm M S，Saravanamurugan S，Taarning E. Science，2010，328 (5978)：602-605.

[11] Sun J M，Zhu K K，Gao F，et al. J Am Chem Soc，2011，133 (29)：11096-11099.

[12] Deiana L，Jiang Y，Palo-Nieto C，et al. Angew Chem-Int Edit，2014，53 (13)：3447-3451.

[13] Jin X J，Yamaguchi K，Mizuno N. Angew Chem-Int Edit，2014，53 (2)：455-458.

[14] Klym H，Ingram A，Hadzaman I，et al. Ceram Int，2014，40 (6)：8561-8567.

[15] Orosco P，Barbosa L，Ruiz M D. Mater Res Bull，2014，59：337-340.

[16] Ismail B，Hussain S T，Akram S. Chem Eng J，2013，219：395-402.

[17] Wang J A，Li C L. Appl Surf Sci，2000，161 (3-4)：406-416.

[18] Hua N P，Wang H T，Du Y K，et al. Catal Commun，2005，6 (7)：491-496.

[19] Rufner J，Anderson D，Van Benthem K，et al. J Am Ceram Soc，2013，96 (7)：2077-2085.

[20] Amini M M，Mirzaee M，Sepanj N. Mater Res Bull，2007，42（3）：563-570.

[21] Amini E，Rezaei M，Nematollahi B. J Porous Mat，2015，22（2）：481-485.

[22] Liu W，Yang J L，Xu H，et al. Adv Powder Technol，2013，24（1）：436-440.

[23] Goldstein A，Goldenberg A，Yeshurun Y，et al. J Am Ceram Soc，2008，91（12）：4141-4144.

[24] Reimanis I，Kleebe H J. J Am Ceram Soc，2009，92（7）：1472-1480.

[25] Balabanov S S，Vaganov V E，Gavrishchuk E M. et al. Inorg Mater，2014，50（8）：830-836.

[26] Khalil N M，Hassan M B，Ali F S，et al. Main Group Chem，2013，12（4）：331-347.

[27] Kang Y C，Choi J S，Park S B. J European Ceram Soc，1998，18（6）：641-646.

[28] Park K Y，Choi J G，Sung K，et al. J Nanopart Res，2006，8（6）：1075-1081.

[29] Tang C M，Peng J S，Fan G C，et al. Catal Commun，2014，43：231-234.

[30] Han M，Zhang H L，Du Y K，et al. React Kinet Mech Catal，2011，102（2）：393-404.

[31] Matsuura Y，Onda A，Ogo S，et al. Catal Today，2014，226：192-197.

[32] Freitas I C，Damyanova S，Oliveira D C，et al. J Mol Catal A-Chem，2014，381：26-37.

[33] Yan B，Tao L Z，Liang Y，et al. ACS Catal，2014，4（6）：1931-1943.

[34] Yan B，Tao L Z，Liang Y，et al. ChemSusChem，2014，7（6）：1568-1578.

[35] Lyu S，Wang T F. RSC Adv，2017，7（17）：10278-10286.

[36] Li X L，Chen Z，Cao P，et al. RSC Adv，2017，7（86）：54696-54705.

[37] Mosayebi Z，Rezaei M，Hadian N，et al. Mater Res Bull，2012，47（9）：2154-2160.

[38] Nassar M Y，Ahmed I S，Samir I. Spectroc Acta Pt A-Molec Biomolec Spectr，2014，131：329-334.

[39] Nuernberg G D B，Foletto E L，Probst L F D，et al. Chem Eng J，2012，193：211-214.

[40] Tang C M，Peng J S，Li X L，et al. Green Chem，2015，17（2）：1159-1166.

[41] Zhang J F，Zhao Y L，Feng X Z，et al. Catal Sci Technol，2014，4（5）：1376-1385.

[42] Zhang J F，Feng X Z，Zhao Y L，et al. J Ind Eng Chem，2014，20（4）：1353-1358.

[43] Tang C M，Peng J S，Li X L，et al. RSC Adv，2014，4（55）：28875-28882.

[44] Ganesh I. Int Mater Rev，2013，58（2）：63-112.

[45] Wadley D C，Tam M S，Kokitkar P B，et al. J Catal，1997，165（2）：162-171.

[46] Gunter G C，Langford R H，Jackson J E Ind Eng Chem Res，1995，34（3）：974-980.

[47] Li C，Wang B，Zhu Q Q. Appl Catal A-Gen，2014，487：219-225.

[48] Wang B，Li C，Zhu Q Q. RSC Adv，4（86）：2014，45679-45686.

[49] Zhang Y，Li X，Sun L. Chemistry Select，2016，1（15）：5002-5007.

[50] Vjunov A，Hu M Y，Feng J，et al. Angew Chem-Int Edit，2014，53（2）：479-482.

[51] Ghantani V C，Lomate S T，Dongare MK，et al. Green Chem，2013，15（5）：1211-1217.

[52] Tang C M，Zhai Z J，Li X L，et al. J Taiwan Inst Chem Eng，2016，58：97-106.

[53] Tang C M，Peng J S，Li X L，et al. Korean J Chem Eng，2016，33（1）：99-106.

[54] Guo Z，Theng D S，Tang K Y，et al. Phys Chem Chem Phys，2016，18（34）：23746-23754.

[55] Nagaraju N，Kumar V P，Srikanth A，et al. Appl Petrochem Res，2016，6（4）：367-377.

[56] Kanai S，Nagahara I，Kita Y，et al. Chem Sci，2017，8（4）：3146-3153.

［57］ Onoda H，Nariai H，Moriwaki A，et al. J Mater Chem，2002，12（6）：1754-1760.

［58］ Sad M E，Pena L F G，Padro C L，et al. Catal Today，2018，302：203-209.

［59］ Tang C M，Zhai Z J，Li X L，et al. J Catal，2015，329：206-217.

［60］ Yan B，Tao L Z，Mahmood A，et al. ACS Catal，2017，7（1）：538-550.

［61］ Zhang X H，Lin L，Zhang T，et al. Chem Eng J，2016，284：934-941.

第 4 章

乳酸缩合反应合成2,3-戊二酮

乳酸缩合反应制 2,3-戊二酮化学反应式如图 4-1 所示。

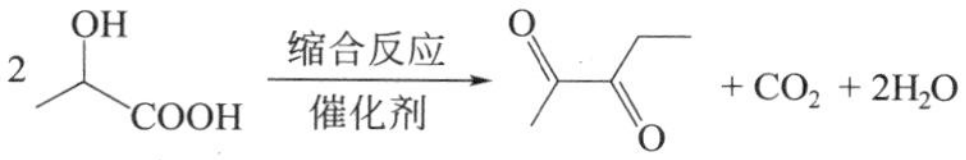

图 4-1 乳酸缩合反应制 2,3-戊二酮

相对乳酸脱水反应而言，研究乳酸缩合反应的文献较少。经过了解，乳酸脱水制丙烯酸和乳酸脱羧制乙醛反应均为酸催化过程，催化剂表面酸强度和酸量严重影响反应活性[1~7]。针对乳酸合成 2,3-戊二酮的缩合反应，首先考虑催化剂表面性质对反应活性的影响作用。

本章工作中，经初步筛选发现硝酸铯具有很好的催化活性，而二氧化硅、焦磷酸钡和羟基磷灰石表面酸碱性不同，于是将硝酸铯分散在二氧化硅、焦磷酸钡和羟基磷灰石三种载体上来调控催化剂表面酸碱性，考察催化剂表面酸强度及酸量对乳酸缩合反应体系的影响。此外，还考察了反应工艺条件如反应温度、乳酸浓度、乳酸进料液空速和反应时间对乳酸缩合反应的影响。为进一步揭示催化剂结构与催化活性之间的相互关系，利用傅里叶红外（FT-IR）、X 射线粉末衍射（XRD）、NH_3-TPD 和 CO_2-TPD 等表征方法对催化剂进行了表征，提出了乳酸缩合反应的可能反应机理。

4.1 二氧化硅负载碱金属硝酸盐催化乳酸缩合反应制备 2,3-戊二酮

针对乳酸合成 2,3-戊二酮的缩合反应，文献报道以二氧化硅作载体负载硝酸盐和磷酸盐两种碱金属盐具有较好的催化效果，其中也有涉及碱金属硝酸盐，但研究工作不够详细和深入[8~14]。

不同碱金属硝酸盐的性质不可能完全一样，那么用它们制备的催化剂又会有怎样不同的催化活性？导致这种差异的原因有哪些？所得到的催化剂的结构与催化效果之间存在什么样的关系？本章中选取二氧化硅作载体，采用浸渍法制备出锂、钠、钾、铯四种碱金属硝酸盐，并对其催化乳酸缩合制备2,3-戊二酮反应进行详细和深入地探究。

4.1.1 MNO_3/SiO_2（M=Li,Na,K,Cs）催化剂制备

2.2%（摩尔分数）MNO_3/SiO_2（M=Li，Na，K，Cs）催化剂制备。取一定质量的碱金属硝酸盐充分溶解于 5mL 蒸馏水中，然后加入 5g 二氧化

硅载体浸渍一段时间，随后在 50℃ 条件下缓慢搅拌蒸发去除水分，再在 100℃ 条件下烘干，即得所需催化剂。

本文中还通过改变硝酸铯的加入量，制得不同物质的量的硝酸铯/二氧化硅催化剂。

4.1.2 催化剂表征与分析

4.1.2.1 X 射线粉末衍射（XRD）

图 4-2 展示了 MNO$_3$/SiO$_2$（M＝Li，Na，K，Cs）四种碱金属硝酸盐样品的 XRD 谱图。

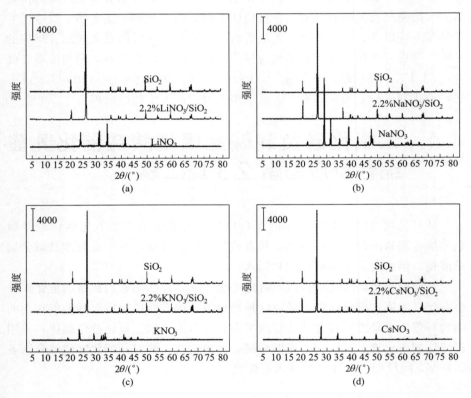

图 4-2　2.2%（摩尔分数）MNO$_3$/SiO$_2$ 的 XRD 谱图

在图 4-2（a）～（c）中没有观察到硝酸锂、硝酸钠、硝酸钾的特征衍射峰，这可能是由于制备过程控制碱金属硝酸盐负载量比较低，在二氧化硅载体上又处于高度分散的状态，故不易在 XRD 中检测到。在图 4-2（d）中

可以在 $2\theta=19.94°$、$28.36°$ 和 $34.9°$ 处清晰地看到硝酸铯的特征衍射峰，这和硝酸铯的分子量大、硝酸铯的质量浓度较其他样品高有关，表明负载型催化剂 $CsNO_3/SiO_2$ 制备成功。图 4-3 中反应后催化剂上已经看不到硝酸铯的特征衍射峰，证明硝酸铯在催化过程中发生了变化，说明起催化活性的物质不是硝酸铯，而是其他物质。

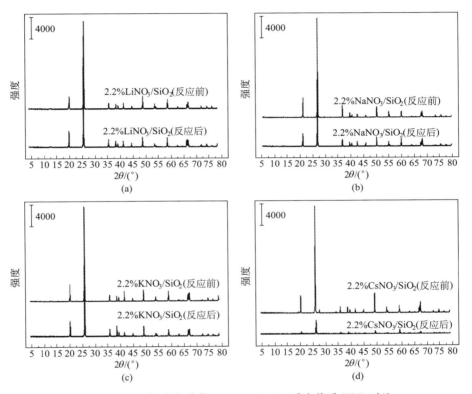

图 4-3 2.2%（摩尔分数）MNO_3/SiO_2 反应前后 XRD 对比

浸渍法制备催化剂过程中，二氧化硅负载硝酸铯的物质的量从 1.1%（摩尔分数）逐渐增加至 7.0%（摩尔分数），见图 4-4，硝酸铯在 $2\theta=28.36°$ 时的特征衍射峰也随之增强，说明通过原始负载量的调控，可制备出一系列不同含量的铯基负载型催化剂。

4.1.2.2 傅里叶红外(FT-IR)

对典型催化剂样品进行了红外光谱测试，结果如图 4-5 所示，在 $1390\sim1380cm^{-1}$ 处观察到属于硝酸根的强振动吸收峰，也可证明碱金属硝酸盐确实已负载在二氧化硅载体上。

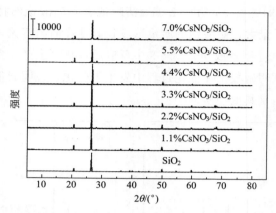

图 4-4　二氧化硅载体上负载不同物质的量硝酸铯 XRD 对比

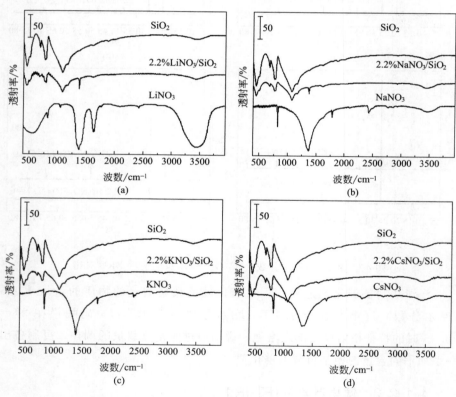

图 4-5　2.2%（摩尔分数）MNO₃/SiO₂ 的红外谱图

M：(a) Li；(b) Na；(c) K；(d) Cs

　　图 4-6 中硝酸铯在 805cm⁻¹ 和 1386cm⁻¹ 处的特征吸收峰强度随着铯负载量的增加而增强，这和 XRD 结果一致。

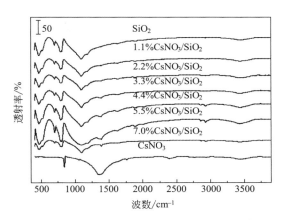

图 4-6 不同 Cs 负载量 CsNO₃/SiO₂ 红外谱图

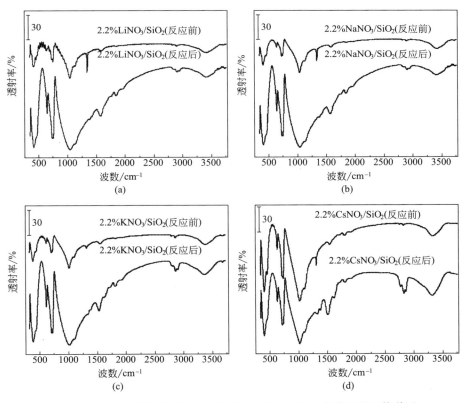

图 4-7 2.2%（摩尔分数）MNO₃/SiO₂ 在 340℃ 反应前后的红外谱图

图 4-7 是锂、钠、钾、铯四种碱金属硝酸盐用于乳酸缩合反应前后的红外谱图汇总。图 4-8 为不同硝酸铯负载量催化剂反应后的红外谱图。与新鲜催化剂相比较，反应后催化剂均在 $2970cm^{-1}$ 处出现一个新的吸收峰，这个

吸收峰可能是由于乳酸聚合副反应生成的聚乳酸引起的，类似的结果在文献中也有报道[15,16]。

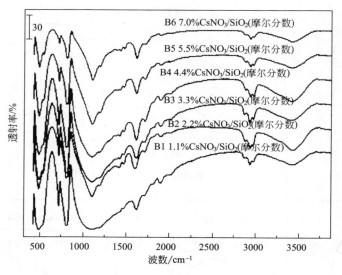

图 4-8 $CsNO_3/SiO_2$ 催化剂 340℃反应后红外谱图

4.1.2.3 扫描电镜(SEM)和 EDX 分析

图 4-9 是放大 2000 倍后催化剂扫描电镜照片，可以清晰地看到二氧化硅负载硝酸锂、硝酸钠、硝酸钾或硝酸铯后样品表面形貌非常相似。样品的 EDX 测试结果如图 4-10 所示，催化剂表面分别检测到了 Na、K 和 Cs 元素。

(a) 2.2%LiNO₃/SiO₂   (b) 2.2%NaNO₃/SiO₂

(c) 2.2%KNO₃/SiO₂   (d) 2.2%CsNO₃/SiO₂

图 4-9 二氧化硅负载碱金属硝酸盐的电镜图

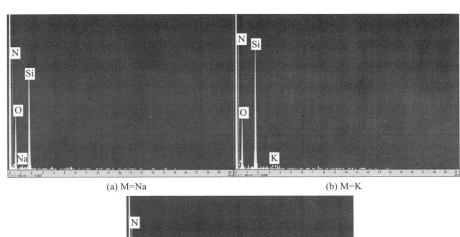

(a) M=Na   (b) M=K

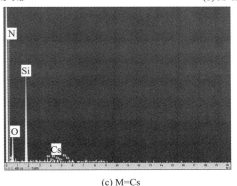

(c) M=Cs

图 4-10　二氧化硅负载碱金属硝酸盐（MNO_3/SiO_2）的 EDX 元素分析

4.1.2.4　化学吸脱附 CO_2-TPD

CO_2-TPD 常用来表征固体催化剂表面的碱性位[5,17,18]。硝酸锂、硝酸钠、硝酸钾和硝酸铯四种负载型碱金属硝酸盐样品 CO_2-TPD 测试结果见图4-11 和表 4-1。样品 CO_2 脱附峰由小到大排序：$NaNO_3/SiO_2 < LiNO_3/SiO_2 < KNO_3/SiO_2 < CsNO_3/SiO_2$。二氧化硅负载硝酸铯催化剂样品在测试过程中二氧化碳脱附峰高达 $477.5\mu mol\ CO_2/g$，是其他硝酸盐的数十倍，表明 $CsNO_3/SiO_2$ 表面碱性位最多。

表 4-1　催化剂的 CO_2-TPD 数据

催化剂	总碱位密度/($\mu mol\ CO_2/g$)
2.2%（摩尔分数）$LiNO_3/SiO_2$	13.2
2.2%（摩尔分数）$NaNO_3/SiO_2$	8.9
2.2%（摩尔分数）KNO_3/SiO_2	29.8
2.2%（摩尔分数）$CsNO_3/SiO_2$	477.5

注：1. 催化剂在 340℃下反应后测试。

2. 二氧化碳脱附温度为 150~300℃。

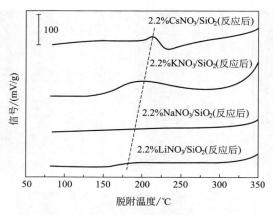

图 4-11　2.2%（摩尔分数）MNO$_3$/SiO$_2$ 催化剂在 340℃反应后的 CO$_2$-TPD 数据

4.1.3　二氧化硅负载碱金属硝酸盐催化性能测试与分析

4.1.3.1　不同硝酸盐前驱体

在反应温度为 340℃条件下，考察了不同硝酸盐前驱体的催化剂活性，结果见图 4-12（a）。从硝酸锂、硝酸钠、硝酸钾到硝酸铯，乳酸的转化率变化不大，介于 75%～95%。但 2,3-戊二酮的选择性有较大变化，负载硝酸钠时 2,3-戊二酮的选择性仅为 5.9%，而负载硝酸铯时选择性最高，达32.8%。结合催化剂 CO$_2$-TPD 中 NaNO$_3$/SiO$_2$ 和 LiNO$_3$/SiO$_2$ 的总碱量低于 KNO$_3$/SiO$_2$ 和 CsNO$_3$/SiO$_2$ 测试结果，说明催化剂表面的碱性位对乳酸缩合反应来说非常关键，即乳酸催化转化生成 2,3-戊二酮的催化剂需要一定量的碱性位。

乳酸缩合反应除生成 2,3-戊二酮外，还有乙醛、丙酸、乙酸、丙烯酸等副产物生成。从图 4-12（a）可以看出二氧化硅负载硝酸锂和硝酸钠所得副产物丙酸和乙醛的选择性高于硝酸钾和硝酸铯。这是由于表 4-1 中二氧化硅负载硝酸锂和硝酸钠催化剂表面碱密度明显比二氧化硅负载硝酸钾和硝酸铯的碱密度偏低很多，可以归结为催化剂表面碱性位过少所致。而根据前期研究和文献报道[7,19～21]，催化剂表面弱酸性位和中等强度酸位有利于催化乳酸脱羰或脱羧反应生成乙醛；催化剂负载的锂、钠组分未能充分改性二氧化硅表面酸性，导致副产物乙醛、丙酸量比较大。结合反应前后催化剂样品的红外和 XRD 表征发现，反应后的催化剂中未发现硝酸盐物质，表明硝酸盐与反应物发生了反应，形成了新的物质，该物质在催化乳酸生成 2,3-戊二酮反应中展示了良好的活性；

该活性物种为碱金属乳酸盐，与文献报道的结果一致[11,12]。

值得注意的是，四种碱金属硝酸盐中，除硝酸铯之外，硝酸锂、硝酸钠和硝酸钾三种硝酸盐的熔点都低于340℃，选择该反应温度（340℃）可能过高，于是将反应温度降低至300℃进行实验，结果如图4-12（b）所示。乳酸转化率随着碱金属原子序数增加而有规律地增加，2,3-戊二酮选择性则与340℃条件下观察到的规律一致。

在此硝酸盐筛选实验中，发现二氧化硅负载硝酸铯催化乳酸缩合反应生成2,3-戊二酮的效果最好，后续工作中就以硝酸铯为主进行探讨。

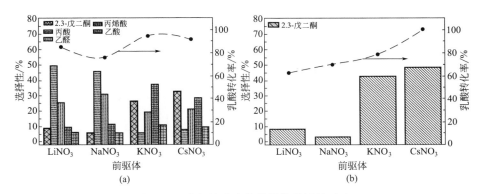

图 4-12　碱金属硝酸盐前驱体的活性对比

反应条件：催化剂负载量，0.40～0.43g；2.2%（摩尔分数）MNO₃/SiO₂（M＝Li，Na，K 和 Cs）；

乳酸质量浓度为20%；乳酸进样速度，1.0mL/h；载气流速，1mL/min；

反应运行时间：2～7h；（a）、（b）反应温度分别为340℃和300℃

4.1.3.2　反应温度

优化反应温度可以获得更高的产品收率[22～25]。二氧化硅负载硝酸铯催化乳酸缩合反应中反应温度考察结果如图4-13所示。

图4-13中当反应温度在260～300℃，乳酸的转化率变化很大，从45.5%升高到87.8%；当反应温度升高至300～340℃时，乳酸的转化率变化甚微。分析反应温度在260℃时乳酸转化率低的原因在于此温度下乳酸不能够很好的气化，导致气固催化作用受阻。至于2,3-戊二酮选择性，在260～340℃缓慢下降。兼顾转化率与选择性，300℃时实验有最好结果，此时乳酸转化率为87.8%，2,3-戊二酮的选择性可达41.2%。

相关文献指出[11]，乳酸转化成2,3-戊二酮的反应过程中，催化剂中的硝酸盐首先和乳酸生成乳酸盐，乳酸盐起到催化乳酸缩合反应的作用。但是乳酸盐在高温下容易分解，所以反应温度高时 2,3-戊二酮的选择性反而变小了。此外，有文献认为乳酸脱水到丙烯酸和乳酸缩合到 2,3-戊二酮两个反应与反应活化能有关[14]，见表 4-2。从热力学角度来看，提高反应温度有助于向活化能高的吸热反应方向进行，也就是说，提高反应温度有利于脱水生成丙烯酸的副反应发生。基于以上两方面原因，提高反应温度不利于生成 2,3-戊二酮的缩合反应。

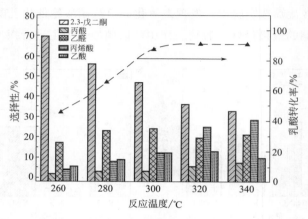

图 4-13　反应温度的影响

反应条件：选用催化剂的质量为 0.43g，2.2%（摩尔分数）$CsNO_3/SiO_2$，乳酸的质量浓度为 20%，乳酸进样速度为 1.0mL/h；载气流速为 1mL/min；反应运行时间为 2～7h

表 4-2　乳酸转化的活化能[14]

反应	焓变 $\Delta H_{r,298K}$ /(kJ/mol)	活化能 E_a /(kJ/mol)
2 乳酸 —缩合反应/催化剂→ 2,3-戊二酮 + CO_2 + $2H_2O$	$-21$①	78
乳酸 —催化剂→ 丙烯酸COOH + H_2O	27	134

注：表中焓值和活化能从分子模型估算而得。

4.1.3.3　不同负载量

依据前面硝酸盐筛选和反应温度这两组实验结果，设定反应温度为 300℃，改变催化剂中硝酸铯的负载量，观察负载量变化对催化活性的影响，结果如图 4-14 所示。在考察硝酸铯负载量的范围为 1.1%～7.0%（摩尔分数），在低的负载量如 1.1%（摩尔分数）时乳酸转化率也较低，但选择性

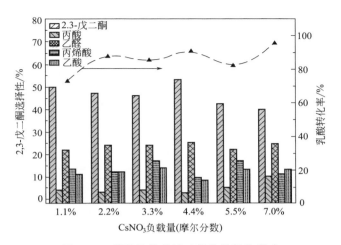

图 4-14　硝酸铯负载量对催化性能的影响

反应条件：选取催化剂质量为 0.42～0.47g，反应温度为 300℃，乳酸质量浓度为 20%，

乳酸进样速度为 1.0mL/h，载气流速为 1mL/min，反应运行时间为 2～7h

较高；在高的负载量如 7.0%（摩尔分数）时，乳酸转化率高，但选择性低。综合考虑负载量对转化率和 2,3-戊二酮选择性的影响，取 2.2%～4.4%（摩尔分数）比较合适，其中当硝酸铯负载量为 4.4%（摩尔分数）时，2,3-戊二酮的收率最高，达 48.2%。此外，还考察了乳酸浓度及停留时间对乳酸缩合反应的影响，见图 4-15 和图 4-16。乳酸浓度增加，2,3-戊二酮选择性增加；乳酸在催化剂表面的停留时间增加，2,3-戊二酮的选择性也会增加。因此，调控反应条件，也会提升乳酸缩合反应的选择性。

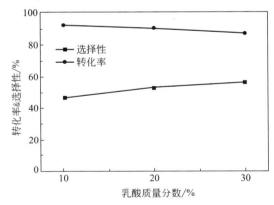

图 4-15　乳酸浓度的影响

反应条件：催化剂为 0.45g，4.4%（摩尔分数）CsNO$_3$/SiO$_2$，

乳酸水溶液进料速度为 1.0mL/h，载气流速为 1mL/min，反应温度为 300℃

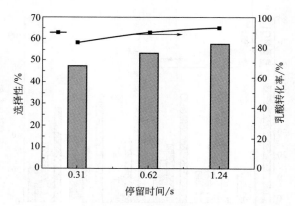

图 4-16　乳酸在催化剂表面停留时间的影响

反应条件：催化剂用量为 0.45g，4.4%（摩尔分数）$CsNO_3/SiO_2$，

乳酸水溶液浓度为 20%（质量分数），载气流速为 1mL/min，反应温度为 300℃

4.1.3.4　催化剂稳定性

固体催化剂的稳定性考察是多相催化研究中的一项重要内容[26,27]。在 300℃时选择 4.4%（摩尔分数）$CsNO_3/SiO_2$ 测试催化剂稳定性，结果见图 4-17。稳定性实验测定方法不同于本书中其他催化体系实验，每次液体物料进样 12h，随后，关掉液体进样，只运行载气吹扫，12h 后继续液体物料进样，如此方式，测定催化剂的稳定性。实验运行 100h 之后，乳酸转化率从最初的 98.0%下降到 74.3%；2,3-戊二酮的选择性在开始运行的 10h

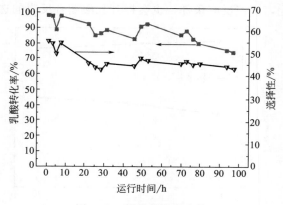

图 4-17　催化剂的稳定性

反应条件：选用催化剂的质量，0.45g；4.4%（摩尔分数）$CsNO_3/SiO_2$；

乳酸质量分数，20%；乳酸进样速度，1.0mL/h；载气流速，1mL/min；反应温度，

300℃；间断性进样（12h 进样，12h 停止进样，并继续用载气吹扫）

之内保持在50%以上，之后随着反应进行逐渐下降，实验停止时降至43%左右。

整体上看二氧化硅负载硝酸铈这类催化剂的稳定性不太令人满意，原因可能是二氧化硅载体上的硝酸盐在反应的过程中比较容易流失。这一点可从图4-3反应前后硝酸铈的XRD谱图进行对比，反应后催化剂样品测试XRD谱图中$2\theta = 19.94°$、$28.36°$和$34.9°$处已经看不到硝酸铈的特征衍射峰。另外，观察到反应后催化剂变黑了，表面似乎有焦状物存在，从反应后的催化剂的红外谱图中可认定为聚乳酸。因此，硝酸盐的流失和聚乳酸的生成是导致二氧化硅负载碱金属硝酸盐催化剂快速失活的重要原因。

4.2 铈掺杂的碱土金属焦磷酸盐催化乳酸缩合反应制备2,3-戊二酮

通过文献调研并结合前期研究基础，发现碱金属硝酸盐可有效催化乳酸缩合制备2,3-戊二酮反应。但是硝酸盐比表面积较小，机械强度较低，这些因素使得硝酸盐本身都不适合直接用作催化剂，而是作为活性组分通过浸渍法负载在SiO_2、SBA-15或Si-Al载体上使用[8~14,16]。令人失望的是，这些催化剂对2,3-戊二酮的选择性不高，常常伴生生成乙醛的脱羧反应或产生丙烯酸的脱水反应。

Tam课题组研究乳酸缩合制备2,3-戊二酮的反应机理时指出，脱水和脱羧是反应过程中两个关键步骤[8,9,11]。脱羰需要弱-中等强度酸位，脱羧则需要碱位催化，这就意味着乳酸缩合生成2,3-戊二酮所需催化剂表面需同时具备恰当的酸碱位。在乳酸脱水制丙烯酸的研究中发现$Ba_2P_2O_7$是一种很好的脱水反应催化剂，表明它具有适合脱水反应的酸位；而考察Li、Na、K、Cs四种碱金属硝酸盐-SiO_2催化乳酸缩合反应时又发现$CsNO_3$具有高达$477.5\mu mol\ CO_2/g$的碱位密度和最好的催化活性，所以考虑将两者复合以期获得更好的实验结果。

本节工作中，以焦磷酸钡为催化剂载体，以硝酸铈为活性前驱体，制备了$CsNO_3/Ba_2P_2O_7$催化剂。通过NH_3-TPD和CO_2-TPD表征催化剂的酸碱性，重点讨论催化剂酸碱性对反应的影响。

4.2.1　$CsNO_3/Ba_2P_2O_7$ 催化剂制备

本节载体 $Ba_2P_2O_7$ 制备方法与前面脱水部分的磷酸钡盐催化剂的制备方法类似[28]。室温下，将 15.68g $Ba(NO_3)_2$ 溶于 300mL 蒸馏水中，充分搅拌 30min。将 6.34g 的 $(NH_4)_2HPO_4$ 慢慢地加到上述溶液中，生成白色沉淀。抽滤、蒸馏水洗涤三次，在 120℃ 条件下干燥 6h，进一步在 500℃ 的马弗炉中焙烧 3h。

采用浸渍法制备 $CsNO_3/Ba_2P_2O_7$ 催化剂：室温条件下将 $Ba_2P_2O_7$ 浸渍在含有 $CsNO_3$ 溶液中，时间为 6h，然后在 80℃ 的环境中缓慢蒸发，形成白色固体粉末。随后，样品进一步在 500～700℃ 马弗炉中焙烧 3h，得到 $CsNO_3/Ba_2P_2O_7$ 催化剂。所得催化剂根据 Ba^{2+}/Cs^+ 摩尔比（2.5：x）进行编号为 $xCsNO_3/2.5Ba_2P_2O_7$。

4.2.2　催化剂表征

BET 使用 Autosorb IQ 吸脱附仪在 77K 下测定催化剂的比表面性质，样品经 600℃ 焙烧处理，结果见表 4-3。经计算，载体 $Ba_2P_2O_7$ 比表面积为 1.2m^2/g，孔容为 $7.2×10^{-3}cm^3/g$，孔径为 17.4nm。负载硝酸铯后样品的比表面积随着 Cs 负载的量的增加逐渐减小到 0.8m^2/g。除编号为 $1.5CsNO_3/2.5Ba_2P_2O_7$ 的样品外，其他负载量的样品的孔容都逐渐减小。

表 4-4 展示了 $1.0CsNO_3/2.5Ba_2P_2O_7$ 样品在 500℃、600℃、700℃ 三个焙烧温度下比表面积的变化情况。很明显，催化剂的比表面积和孔容随着焙烧温度升高还会继续减小。

数据皆由脱附支数据采用 BJH 模型计算而得。

表 4-3　样品的 BET 数据

样品	比表面积/(m^2/g)	孔容/(cm^3/g)	孔径/nm
$Ba_2P_2O_7$	1.2	$7.2×10^{-3}$	17.4
$0.5CsNO_3/2.5Ba_2P_2O_7$	1.1	$6.3×10^{-3}$	3.4
$1.0CsNO_3/2.5Ba_2P_2O_7$	0.8	$3.9×10^{-3}$	3.4
$1.25CsNO_3/2.5Ba_2P_2O_7$	0.8	$3.5×10^{-3}$	3.4
$1.5CsNO_3/2.5Ba_2P_2O_7$	0.9	$6.1×10^{-3}$	3.8

表 4-4 样品的 BET 数据

焙烧温度/℃	比表面积/(m²/g)	孔容/(cm³/g)	孔径/nm
—	1.3	9.3×10⁻³	3.4
500	1.2	4.5×10⁻³	3.8
600	0.8	3.9×10⁻³	3.4
700	0.6	3.8×10⁻³	3.0

图 4-18 通过电子显微镜（SEM，JSM-6510）展现了 $1.0CsNO_3/2.5Ba_2P_2O_7$ 催化剂样品的表面形貌及其对应的元素分布。催化剂颗粒大小为 $2\sim10\mu m$（以球形计），Cs 元素均匀分散在催化剂表面。HRTEM 中通过晶面间距 d 值可确认 $CsNO_3$ 和 $Ba_2P_2O_7$ 的存在，但是计算的 d 值与标准 d 值有轻微偏差，可能是 $CsNO_3$ 和 $Ba_2P_2O_7$ 之间存在着强的相互作用所致。经 600℃焙烧后样品 XPS 中 Cs 的 $3d_{5/2}$ 结合能比焙烧前明显降低，同样暗示出催化剂组成 $CsNO_3$ 和 $Ba_2P_2O_7$ 之间存在强相互作用。

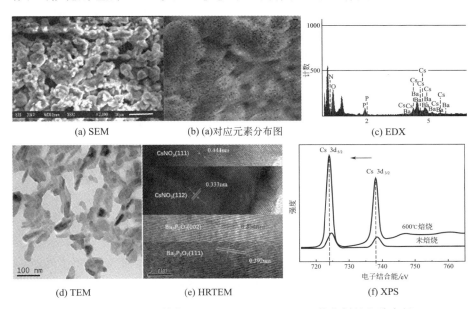

(a) SEM　　(b) (a)对应元素分布图　　(c) EDX

(d) TEM　　(e) HRTEM　　(f) XPS

图 4-18　经 600℃焙烧 $1.0CsNO_3/2.5Ba_2P_2O_7$ 催化剂的几种表征

图 4-19 为不同硝酸铯负载量催化剂样品的 XRD 谱图。图 4-20 是经不同温度焙烧后样品的 XRD 谱图。

图 4-19 中催化剂样品 XRD 测试前经 600℃焙烧。随着样品中 $CsNO_3$ 负载量的增加，对应 $CsNO_3$ 标准卡片（JCPDS NO.09-0403）中 $2\theta=28.3°$ 的特征衍射峰逐渐增强，但是对应 $Ba_2P_2O_7$ 标准卡片（JCPDS NO.83-0990）在 $2\theta=22.6°$［对应晶面（111）］的特征衍射峰强度却逐渐减弱，

最后几乎消失。除 $CsNO_3$ 和 $Ba_2P_2O_7$ 没有新的特征衍射峰出现。

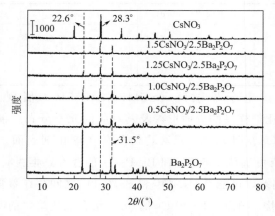

图 4-19　600℃焙烧温度下 Cs 不同负载量的 XRD 谱图

一般来讲，高温焙烧一定程度上有助于加强载体与负载组分之间的相互作用。与未焙烧样品相比较，图 4-20 中经 500℃ 焙烧后在 $2\theta = 22.6°$ 的 $Ba_2P_2O_7$ 特征衍射峰明显增强，但在 600℃ 焙烧后这个特征衍射峰强度反而有所下降，当焙烧温度进一步升高到 700℃ 后这个特征衍射峰几乎完全消失。但是，$CsNO_3$ 在 $2\theta = 28.3°$ 的特征衍射峰经 700℃ 焙烧后依然存在，而这个温度已经超过了 $CsNO_3$ 的分解温度（600℃），这些现象都表明载体 $Ba_2P_2O_7$ 和负载的 $CsNO_3$ 之间存在一个强相互作用。

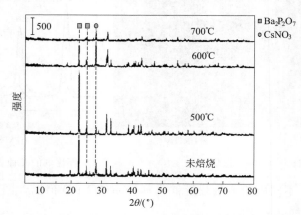

图 4-20　不同焙烧温度的催化剂 $1.0CsNO_3/2.5Ba_2P_2O_7$ 的 XRD 谱图

为了研究 $Ba_2P_2O_7$ 与 $CsNO_3$ 之间的相互作用情况，对样品进行了红外光谱的测试，结果如图 4-21 所示。随着 Cs 掺杂量的增加，在 $1388cm^{-1}$ 处属于 $CsNO_3$ 的特征吸收带也相应有所增强[9]，这与图 4-19 中 XRD 分析结果一致。

随着 Cs 掺杂量的不断增加，与 XRD 对照发现，在 1131cm^{-1} 和 558cm^{-1} 处归属于 Ba$_2$P$_2$O$_7$ 的特征吸收带强度慢慢减弱原因可能在于 Cs 掺杂使得 Ba$_2$P$_2$O$_7$ 的结晶度变差或者是 $2\theta = 22.6°$ 处晶面（111）慢慢消失。图 4-22 为 1.0CsNO$_3$/2.5Ba$_2$P$_2$O$_7$ 催化剂不同焙烧温度的红外光谱图，观察发现，升高焙烧温度后在 1388cm^{-1} 处 CsNO$_3$ 的特征吸收带强度迅速减弱。

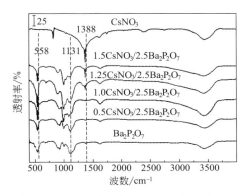

图 4-21　不同 Cs 负载量的催化剂的红外光谱图（600℃焙烧）

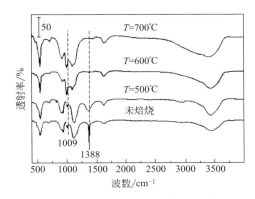

图 4-22　1.0CsNO$_3$/2.5Ba$_2$P$_2$O$_7$ 催化剂不同焙烧温度的红外光谱图

以上 XPS、XRD 和 FT-IR 共同表明本方法制备催化剂经高温焙烧后组分 CsNO$_3$ 和载体 Ba$_2$P$_2$O$_7$ 不是简单的物理机械混合，两者之间存在强相互作用。

TPD 催化剂表面的酸碱位可通过 NH$_3$-TPD 和 CO$_2$-TPD 测定[17,29,30]。CO$_2$-TPD、NH$_3$-TPD 结果见图 4-23、图 4-24，图 4-25 是依据 NH$_3$-TPD 和 CO$_2$-TPD 计算出的相对应的酸碱性。

图 4-25（a）中，纯 Ba$_2$P$_2$O$_7$ 表面具有较低的碱密度 9.66μmol/m^2 和较低的酸密度 0.365μmol/m^2，计算出碱酸摩尔比值（26.5）较高。表 4-1 中测试 2.2%（摩尔分数）CsNO$_3$/SiO$_2$ 表面碱密度高达 477.5μmolCO$_2$/g。向 Ba$_2$P$_2$O$_7$ 中逐步增加

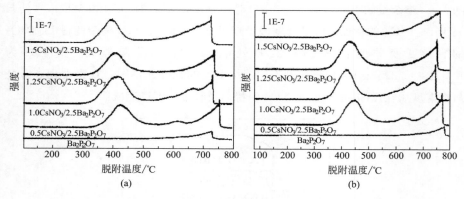

图 4-23　焙烧温度为 600℃ 的催化剂 $x\text{CsNO}_3/2.5\text{Ba}_2\text{P}_2\text{O}_7$

（$x=0$，0.5，1.0，1.25 和 1.5）的 CO_2-TPD（a）和 NH_3-TPD（b）测定值

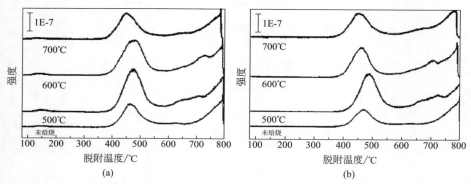

图 4-24　不同焙烧温度的催化剂 $1.0\text{CsNO}_3/2.5\text{Ba}_2\text{P}_2\text{O}_7$

的 CO_2-TPD（a）和 NH_3-TPD（b）测定值

CsNO_3 量，样品的酸碱性改变非常显著。例如，较低 Cs 含量样品 $0.5\text{CsNO}_3/2.5\text{Ba}_2\text{P}_2\text{O}_7$ 的碱密度和酸密度分别增加至 $928\mu\text{mol/m}^2$ 和 $139\mu\text{mol/m}^2$，Cs 含量加倍的样品 $1.0\text{CsNO}_3/2.5\text{Ba}_2\text{P}_2\text{O}_7$ 碱密度和酸密度分别为 $1740\mu\text{mol/m}^2$ 和 $210\mu\text{mol/m}^2$，碱酸摩尔比为 8.3，对照后面活性实验，该碱酸摩尔比最适合催化乳酸转化成 2,3-戊二酮的缩合反应。再增加 Cs 组分掺杂量，样品表面碱酸摩尔比值进一步降低，但碱酸摩尔比值落在 5.1~8.3。

从图 4-25（b）主要反映焙烧温度对样品表面碱密度和酸密度的影响。发现未焙烧的 $1.0\text{CsNO}_3/2.5\text{Ba}_2\text{P}_2\text{O}_7$ 样品碱酸密度检测值较低，分别为 $587\mu\text{mol/m}^2$ 和 $64.9\mu\text{mol/m}^2$。样品经 500℃ 焙烧后的碱位密度和酸位密度达到最大值，分别为 $2120\mu\text{mol/m}^2$ 和 $325\mu\text{mol/m}^2$。随着焙烧温度进一步升高至 600℃，碱位密度又有下降趋势。但是注意到乳酸缩合反应中最佳催化剂的焙烧温度不是碱

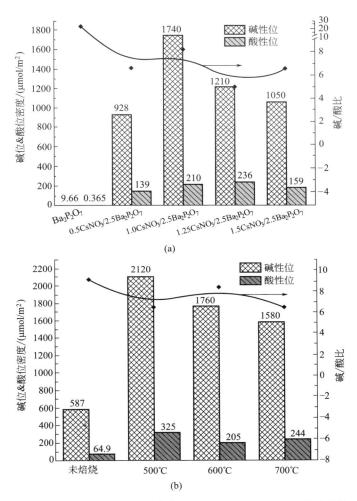

图 4-25 （a）600℃焙烧的催化剂 $x\mathrm{CsNO_3/2.5Ba_2P_2O_7}$ 的酸碱性

（$x=0$，0.5，1.0，1.25 和 1.5）；（b）不同焙烧温度的催化剂

$1.0\mathrm{CsNO_3/2.5Ba_2P_2O_7}$ 的酸碱性

密度最大值的 500℃ 而是 600℃，这表明催化乳酸缩合反应的活性不完全受控于碱密度和酸密度，还和催化剂表面碱酸摩尔比值有关。

4.2.3 催化剂活性影响因素

4.2.3.1 Cs 负载量的影响

利用浸渍和蒸发驱动的方法制备了不同 Cs 掺杂量的 $x\mathrm{CsNO_3/}$

2.5$Ba_2P_2O_7$系列催化剂，在反应温度为300℃、乳酸进料速度为1.6mL/h的条件下进行乳酸缩合反应活性测试，结果见表4-5。

纯$Ba_2P_2O_7$效果非常差，乳酸转化率仅为7.1％。向$Ba_2P_2O_7$中掺杂少量的$CsNO_3$，催化剂活性将迅速提升，例如0.5$CsNO_3$/2.5$Ba_2P_2O_7$乳酸转化率为55.9％，此时2,3-戊二酮的选择性为57.1％。将Cs的掺杂量加倍，即Cs^+/Ba^{2+}的摩尔比值从0.5/2.5增加到1.0/2.5，乳酸的转化率从55.9％增加至89.1％，2,3-戊二酮选择性基本不变。此后，Cs掺杂量再进一步增大，Cs^+/Ba^{2+}的摩尔比值为1.5/2.5时，乳酸转化率降至81.2％，2,3-戊二酮选择性为58.2％，变化甚微。这些结果说明Cs掺杂量极大地影响着催化剂表面活性位点的数量。

表4-5　不同Cs负载量Cs-$Ba_2P_2O_7$催化剂活性和文献结果

催化剂[①]	乳酸转化率/%	选择性/%					比表面催化速率 /[mmol/(h·m²)]		备注
		PD	AD	AC	PA	AA	LA消耗速率	PD生成速率	
$Ba_2P_2O_7$[②]	7.1	—					0.5	—	本工作
0.5$CsNO_3$/2.5$Ba_2P_2O_7$	55.9	57.1	20.1	2.5	5.7	12.5	8.7	5.0	本工作
1.0$CsNO_3$/2.5$Ba_2P_2O_7$	89.1	58.3	18.8	2.0	4.4	14.2	14.4	8.4	本工作
1.25$CsNO_3$/2.5$Ba_2P_2O_7$	87.5	58.1	18.8	2.0	4.3	14.1	13.6	7.9	本工作
1.5$CsNO_3$/2.5$Ba_2P_2O_7$	81.2	58.2	18.1	2.2	4.5	13	9.9	5.7	本工作
MNO_3/SiO_2[③]	87.8	46.9	24.2	12.2	3.2	12.1	—	—	文献[31]
K/NaZSM-5[④]	52.4	48	—				—	—	文献[32]
Na_2HAsO_4/Si-Al	—	25.3[⑤]							文献[13]
Na_2HPO_4/Si-Al	5.5	44							文献[14]
$NaNO_3$/SBA-15[⑥]	58.8	62.1			18.4				文献[16]

① 催化剂，0.38mL，0.21～0.44g；焙烧温度，600℃；催化剂颗粒大小，20～40目；载气流速，0.8mL/min；乳酸进料速度，1.6mL/h；乳酸质量分数为20％；反应温度，300℃；运行时间，1～9h。

② 焙烧温度，500℃；碳平衡＞98％。

③ M=Cs、K、Na、Li。

④ 反应温度，280℃。

⑤ 2,3-戊二酮的产率。

⑥ 反应温度，340℃。

还计算了催化剂单位面积上的催化速率，见表 4-5。当 Cs^+/Ba^{2+} 摩尔比值为 1.0/2.5 时，乳酸的消耗速率和 2,3-戊二酮的生成速率达到了最优值，分别为 14.4mmol/($h \cdot m^2$) 和 8.4mmol/($h \cdot m^2$)。

表 4-5 中还一同列出了其他有代表性催化体系中乳酸转化 2,3-戊二酮研究的结果。早期研究中，Gunter 报道乳酸的转化率仅为 5.5%，2,3-戊二酮的选择性为 44%[14]。最近据 Zhang 课题组报道 340℃时乳酸的转化率为 58.8%，2,3-戊二酮的选择性为 62.1%[16]。相比之下，$Cs-Ba_2P_2O_7$ 催化剂表现非常不错，乳酸转化率接近 90%，2,3-戊二酮选择性接近 60%，这表明在一定范围内调节 Cs 掺杂量可以有效控制活性位点的数量，调节催化剂表面酸碱性，从而在催化乳酸缩合转化为 2,3-戊二酮反应中展示出更好的活性。

4.2.3.2 焙烧温度的影响

根据表 4-5 中所示的不同掺杂量数据，选择较优活性 Cs^+/Ba^{2+} 摩尔比值为 1/2.5 的催化剂 $1.0CsNO_3/2.5Ba_2P_2O_7$ 对焙烧温度进行考察。在本节中，选择催化剂 $1.0CsNO_3/2.5Ba_2P_2O_7$ 研究焙烧温度对催化剂催化乳酸缩合产生 2,3-戊二酮的反应性能影响，结果如表 4-6 所示。在催化剂没有焙烧的情况下，正如前面所报道的工作一样，乳酸的转化率较低只有 51.1%，2,3-戊二酮的选择性为 53.5%。当催化剂的焙烧温度为 500℃时，尽管 2,3-戊二酮的选择性仍然较低，但乳酸的转化率显著提高到了 69.2%。随着焙烧温度的进一步升高，乳酸的转化率持续上升至 89.1%，2,3-戊二酮的选择性增加到 58.3%。然而，当催化剂的焙烧温度升高至 700℃时，乳酸的转化率减小至 67.9%。这些结果表明催化剂表面的碱酸平衡（用碱酸摩尔比表示），及活性位点（酸密度和碱密度表示）对于催化剂在乳酸缩合制备 2,3-戊二酮具有重要作用。很明显，催化剂的最佳焙烧温度为 600℃，在这个焙烧温度下催化剂有更多的活性位点和合适的碱酸摩尔比，有利于催化乳酸缩合制备 2,3-戊二酮。

表 4-6　焙烧温度对乳酸催化活性的影响

焙烧温度/℃	乳酸转化率/%	选择性/%					比表面催化速率/[mmol/($h \cdot m^2$)]	
		PD	AD	AC	PA	AA	LA 消耗速率	PD 生成速率
未焙烧	51.1	53.5	22.2	2.8	6.5	12.7	5.3	2.8
500	69.2	53.3	21.1	2.9	6.1	13.3	7.2	3.8
600	89.1	53.8	18.8	2.0	4.4	14.2	14.4	8.4
700	67.9	58.5	18.4	2.3	5.2	13.4	18.6	10.9

注：样品 $1.0CsNO_3/2.5Ba_2P_2O_7$，0.21～0.44g；催化剂颗粒大小，20～40 目；载气，0.8mL/min；乳酸进料量，1.6mL/h；乳酸质量浓度为 20%；反应温度，300℃；运行时间，1～9h；碳平衡＞98%。

4.2.3.3　反应温度的影响

对于乳酸缩合制备 2,3-戊二酮的反应，反应温度与催化剂本身和反应器类型有关。对于乳酸缩合产生 2,3-戊二酮的反应而言，研究人员大多采用固定床反应器，反应温度都不低于 200℃。对 $1.0CsNO_3/2.5Ba_2P_2O_7$ 催化剂，600℃下焙烧，催化反应活性如表 4-7 所示，反应温度对活性有较大的影响。

表 4-7 中，反应温度从 280℃ 上升到 320℃，乳酸的消耗速率从 9.1mmol/（h·m²）增加到 14.9mmol/（h·m²）。2,3-戊二酮的生成速率先增加后减小，表明高温加剧了副反应发生。例如，280℃时丙烯酸选择性为 7.1%，320℃时丙烯酸选择性为 18.5%。乳酸的转化率随着反应温度的升高而升高，2,3-戊二酮的选择性随反应温度升高而降低。这个结果很好地解释了之前关于催化动力学研究结果：主反应的活化能低于副反应的活性能，此时升高反应温度将有利于活化能高的副反应进行[10,33]。对于表 4-7 中选取的催化剂 $1.0CsNO_3/2.5Ba_2P_2O_7$ 来说，300℃是该反应的最佳反应温度。

表 4-7　反应温度对乳酸催化活性的影响

反应温度/℃	乳酸转化率/%	选择性/%					比表面催化速率/[mmol/(h·m²)]	
		PD	AD	AC	PA	AA	LA 消耗速率	PD 生成速率
280	60.1	67.1	16.4	2.3	5.1	7.1	9.1	6.1
300	89.1	58.3	18.8	2.0	4.4	14.2	14.4	8.4
320	92.2	49.3	18.8	2.3	4.9	18.5	14.9	7.4

注：样品 $1.0CsNO_3/2.5Ba_2P_2O_7$，0.21～0.44g；焙烧温度，600℃；催化剂颗粒大小，20～40 目；载气流速，0.8mL/min；乳酸进料量，1.6mL/h；乳酸质量浓度为 20%；运行时间：1～9h。

4.2.3.4　乳酸液空速的影响

液空速是评价非均相催化剂的一个重要指标[34,35]。表 4-8 列出了乳酸液空速对乳酸缩合反应性能的影响，催化剂选取 $1.0CsNO_3/2.5Ba_2P_2O_7$。

乳酸进料速度从 1.1mL/h 增加到 2.2mL/h（对应液空速为 3.0～5.9h⁻¹），乳酸转化率从 91.2% 慢慢减小到 79.9%，单位面积催化剂上乳酸的消耗速率和 2,3-戊二酮生成速率增加非常快。例如，乳酸液空速为 3.0h⁻¹ 时，乳酸的消耗速率和 2,3-戊二酮的生成速率分别为 10.2mmol/（h·m²）和

6.1mmol/（h•m²）；当乳酸液空速提高为 5.9h⁻¹ 时，这两个数值分别增加到 17.9mmol/（h•m²）和 10.3mmol/（h•m²）。期间 2,3-戊二酮选择性从 59.9% 变化为 57.5%，并且乙酸、丙酸和丙烯酸的选择性也有稍微增加。说明高液空速下乳酸与催化剂的接触时间变短不利于乳酸转化为 2,3-戊二酮，反而有利于形成副产物乙酸、丙酸和丙烯酸。这些观察结果与先前所报道的工作一致[10]。

还计算了乳酸液空速对应的 2,3-戊二酮的时空产率 YTS，见图 4-26。乳酸液空速为 5.9h⁻¹ 时，2,3-戊二酮时空产率最高，达到 2.1g/（g$_{Cat}$•h）。

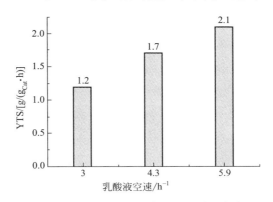

图 4-26　不同液空速下的 2,3-戊二酮的时空产率（YTS）

表 4-8　液空速对乳酸催化活性的影响

LA LHSV /h⁻¹	乳酸转化率/%	选择性/%					比表面催化速率 /[mmol/（h•m²）]	
		PD	AD	AC	PA	AA	LA 消耗速率	PD 生成速率
3.0	91.2	59.9	20.3	1.9	4.3	11.4	10.2	6.1
4.3	89.1	58.3	18.8	2.0	4.4	14.2	14.4	8.4
5.9	79.9	57.5	19.2	2.3	5.2	13.7	17.9	10.3

注：样品 1.0CsNO₃/2.5Ba₂P₂O₇，0.28g；焙烧温度，600℃；催化剂颗粒大小，20～40 目；载气，0.8mL/min；乳酸质量浓度为 20%；反应温度，300℃；运行时间，1～9h。

4.2.4　催化剂稳定性

选择催化剂 1.0CsNO₃/2.5Ba₂P₂O₇，在反应温度为 300℃，乳酸的进料量为 1.6mL/h（对应乳酸液空速 4.3h⁻¹）的条件下，对其进行稳定性测试，如图 4-27 所示。

从图 4-27 中循环可以看出，乳酸转化率随着反应时间的增加而缓慢地

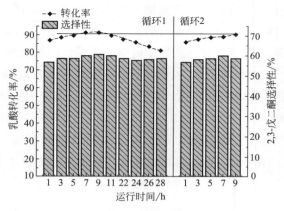

图 4-27　催化剂的稳定性

反应条件：样品，$1.0CsNO_3/2.5Ba_2P_2O_7$；焙烧温度，600℃；催化剂颗粒大小，20～40 目；

载气，0.8mL/min；乳酸进料量，1.6mL/h；乳酸质量浓度为20％；反应温度，300℃

增加，同样 2,3-戊二酮的选择性也缓慢增加。例如，在催化剂稳定运行 1h 时，乳酸的转化率和 2,3-戊二酮选择性分别为 87％和 57.1％。到 9h 后，乳酸转化率和 2,3-戊二酮选择性达到了 92％和 61.1％。这些结果表明催化剂的活性位点随着反应时间的增加而增多。然而，随着反应时长的进一步增加，乳酸的转化率在慢慢地降低，而 2,3-戊二酮的选择性基本保持不变。例如，催化剂连续运行 28h 后乳酸的转化率降低到 80％。

这个结果比二氧化硅负载硝酸铈催化乳酸制 2,3-戊二酮实验稳定性好很多，因为二氧化硅负载硝酸铈实验中催化活性下降的主要原因是硝酸盐容易流失和生成聚乳酸覆盖催化剂表面活性位点，但 $Cs-Ba_2P_2O_7$ 催化剂中 Cs 与载体 $Ba_2P_2O_7$ 间存在强相互作用，从而提高了催化剂的稳定性。

将做过稳定性反应后的催化剂在 600℃的马弗炉中焙烧 10h 后再次测试其催化剂活性，参见图 4-27 中的循环 2，催化剂的活性得到了很好的恢复。对再生前后催化剂活性进行对比，发现导致催化剂活性降低的原因可以归结为催化剂的活性位点被积炭或由此生成的焦所覆盖导致，这种失活叫作暂时性失活，通过简单的高温焙烧就可使得活性位点得到恢复[21,26,36]。

4.3　铯掺杂的羟基磷灰石催化乳酸缩合反应制备 2,3-戊二酮

羟基磷灰石，结构简式为 $Ca_{10}(PO_4)_6(OH)_2$，是一种微溶于水的弱碱

磷酸钙盐。羟基磷灰石还是一种绿色生物相容性材料，广泛存在于人体和牛乳中，在人体内主要分布于骨骼和牙齿中，在牛乳内主要分布于酪蛋白胶粒和乳清中。在羟基磷灰石制备过程中，可以通过调节钙磷比来调节羟基磷灰石表面的酸碱性，以满足不同催化反应的需要。已报道的羟基磷灰石作催化剂或催化剂载体的反应主要集中在氧化反应（包括醇的氧化、烃的脱氢反应等）、还原反应（主要是氢解）、C—C 键的生成反应等。

最近，有文献报道羟基磷灰石催化乳酸脱水制丙烯酸展示了良好的性能[4,18,37]，但乳酸缩合制备戊二酮的反应中以羟基磷灰石作催化剂或催化剂载体的文章还未见报道。考虑到催化乳酸脱水效果好的催化剂应具有适合的酸性位，参考 Cs-Ba$_2$P$_2$O$_7$ 催化乳酸缩合反应制 2,3-戊二酮实验取得了较好的结果，所以猜想硝酸铯掺杂的羟基磷灰石可能对乳酸缩合生成 2,3-戊二酮反应有好的催化活性。

本小节以沉淀法制备了硝酸铯掺杂的羟基磷灰石催化剂，较为全面地研究了该催化剂在催化乳酸制备 2,3-戊二酮反应中的催化活性，并通过多种手段对催化剂进行表征，试图揭示催化剂的结构性质与催化活性之间的关系，在此基础上，提出了乳酸缩合反应生成 2,3-戊二酮的酸碱协同催化反应机理。

4.3.1　催化剂制备

典型过程如下：取 1.85g 氢氧化钙和 1mL 85%（质量分数）磷酸于 100mL 蒸馏水中，在常温下搅拌 5h，加入 3g 硝酸铯，继续搅拌 5h 以上，在 70℃下加热缓慢蒸发去除水分，在 100℃下烘干，在 700℃下焙烧 10h，所得样品备用。

改变催化剂的焙烧温度 400℃、500℃、600℃、700℃、800℃和 900℃，或者改变硝酸铯的加入质量 1g、2g、3g 等，可以得到一系列不同 Ca/Cs 比的铯掺杂羟基磷灰石催化剂，以期获得用于乳酸缩合反应的酸碱位适中的催化剂。

4.3.2　催化剂表征

4.3.2.1　催化剂的织构性质

表 4-9 为不同焙烧温度所得催化剂的 BET 数据，表 4-10 为不同硝酸铯

掺杂量所得催化剂的 BET 数据。在 900℃ 范围内升高焙烧温度，催化剂比表面积从 $38.3\text{m}^2/\text{g}$ 下降到 $2.0\text{m}^2/\text{g}$，平均孔径为 3.8nm。催化剂焙烧温度为 700℃，铯负载量不同但比表面积仅在 $7.2\sim9.1\text{m}^2/\text{g}$ 变化，平均孔径为 $3.4\sim3.8\text{nm}$。和焙烧温度比较，铯负载量对催化剂表面积和孔径影响不大。

表 4-9　不同焙烧温度所得催化剂的 BET 数据[①]

焙烧温度/℃	比表面积/(m²/g)	孔容/(cm³/g)	孔径/nm[②]
—	38.3	2.5×10^{-1}	3.8
400	12.9	1.1×10^{-1}	3.8
500	10.5	4.5×10^{-2}	3.8
600	6.4	7.9×10^{-2}	12.3
700	8.9	8.5×10^{-2}	3.4
800	6.4	4.5×10^{-2}	3.8
900	2.0	1.3×10^{-2}	3.8

① 催化剂 Ca：P：Cs＝1.622：0.958：1。

② 孔径根据脱附支数据依据 BJH 模型计算而得。

表 4-10　不同硝酸铯掺杂量所得催化剂的 BET 数据[①]

样品	比表面积/(m²/g)	孔容/(cm³/g)	孔径/nm[②]
Ca：P：Cs＝1.622：0.958：—	8.4	7.8×10^{-2}	3.8
Ca：P：Cs＝1.622：0.958：0.334	9.1	9.5×10^{-2}	3.4
Ca：P：Cs＝1.622：0.958：0.667	8.5	1.0×10^{-1}	3.8
Ca：P：Cs＝1.622：0.958：1	8.9	8.5×10^{-2}	3.4
Ca：P：Cs＝1.622：0.958：1.333	8.6	6.7×10^{-2}	3.8
Ca：P：Cs＝1.622：0.958：1.667	8.3	5.0×10^{-2}	3.8
Ca：P：Cs＝1.622：0.958：2	9.0	9.1×10^{-2}	3.7
Ca：P：Cs＝1.622：0.958：2.333	7.2	6.7×10^{-2}	17.4

① 催化剂焙烧温度为 700℃。

② 孔径根据脱附支数据依据 BJH 模型计算而得。

4.3.2.2　EDX 分析

图 4-28（a）的测试结果表明催化剂表面组成中含有 Ca、P、Cs 这三种元素。图 4-28（b）的元素 mapping 测试的结果表明 Ca、P、Cs 这三种元素分布非常均匀，但 N 元素明显偏少。由于硝酸铯的分解温度约 600℃，若焙烧温度为 700℃ 时，大部分硝酸根将会发生分解，因而 N 元素明显偏少。

4.3.2.3　X 射线粉末衍射（XRD）、XPS 和傅里叶红外（FT-IR）

图 4-29 中 XRD 测试样品元素摩尔比 Ca：P：Cs＝1.622：0.958：1。

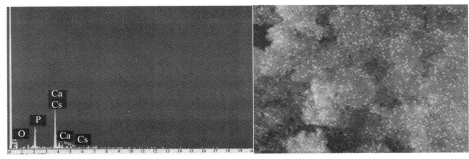

(a) 元素能谱   (b) mapping

图 4-28　催化剂的 EDX 分析

（a）和（b）催化剂（Ca：P：Cs＝1.622：0.958：1），焙烧温度为 700℃。

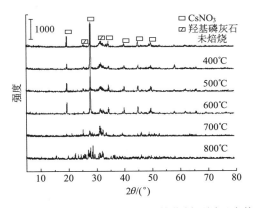

图 4-29　Ca：P：Cs＝1.622：0.958：1 催化剂不同温度焙烧后 XRD

除 800℃焙烧样品之外，其他样品中均有羟基磷灰石的特征衍射峰出现。经 600℃及以下温度焙烧样品，均可在 $2\theta=19.94°$、$28.36°$和 $34.9°$处清晰地观察到硝酸铯的特征衍射峰，证明硝酸铯已成功负载在羟基磷灰石载体上；然而，经 700℃和 800℃焙烧样品没有观察到硝酸铯的特征衍射峰，这可能是因为高温下大部分硝酸铯已分解（分解温度为 600℃）进入羟基磷灰石的骨架结构而剩余的少量硝酸铯在载体上又处于高度分散的状态。这可通过图 4-28 样品 EDX 和相应的元素分布图中得到证明。

固定焙烧温度为 700℃，不同硝酸铯负载量的样品（见表 4-10 所列）XRD 谱图见图 4-30。样品 a～g，在 $2\theta=19.94°$、$28.36°$和 $34.9°$处的硝酸铯特征衍射峰并不明显，原因在于焙烧温度过高引起铯盐分解。在样品 h 中继续加大硝酸铯添加量至 Ca：P：Cs＝1.622：0.958：2.333，结果在 $19.94°$处清晰观察到硝酸铯的特征衍射峰。可以解释为虽然高温使得大部分硝酸铯分解（分解温度为 600℃）进入羟基磷灰石的骨架，但因硝酸铯负载量很大，在载体表面仍然可探测到部分未分解的硝酸铯。另外，还观察到羟基磷灰石的特征衍射峰强度明显降低，表明铯元素已进入羟基磷灰石骨架中。

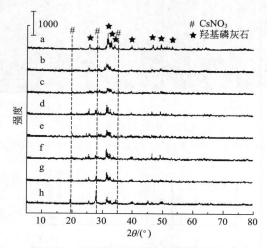

图 4-30　CsNO₃ 不同负载量催化剂经 700℃ 焙烧后的 XRD 谱图

为了进一步了解羟基磷灰石载体与铯盐分解后产生的铯元素之间存在的相互作用，以 XPS 探测了催化剂高温焙烧前后元素铯的电子结合能的变化，以结合能为 284.6eV 的污染碳的 C1s 作为参考标准进行校正。图 4-31 中700℃ 焙烧后催化剂 Cs $3d_{5/2}$ 结合能大约为 723.36eV，而焙烧前为723.76eV。焙烧前 Cs 与硝酸根结合，700℃ 焙烧后硝酸根已分解，Cs 进入羟基磷灰石骨架与磷酸根结合，N 原子电负性大于 P 原子，故焙烧后 Cs 原

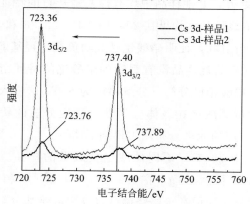

图 4-31　Ca：P：Cs＝1.622：0.958：1 催化剂 700℃ 焙烧前后的
XPS 谱图（样品 1：焙烧前；样品 2：焙烧后）

子与电负性小的 P 原子结合时，导致其 XPS 峰将向结合能低的方向位移。这一推测与测定的 Cs 在焙烧前后的电子结合能吻合。

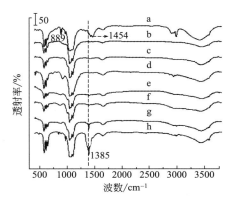

图 4-32　焙烧温度为 700℃不同 CsNO₃ 添加量催化剂的红外谱图

a～h 同图 4-30

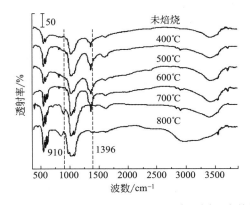

图 4-33　样品（Ca∶P∶Cs＝1.622∶0.958∶1）在不同温度焙烧下的红外谱图

再以红外测试的结果来验证，见图 4-32 和图 4-33。低温焙烧后催化剂，可在 1396～1385cm⁻¹ 处观察到硝酸根特征衍射峰，而当焙烧温度高于 700℃时，此处特征峰几乎消失，这也可以用硝酸盐高温分解理论来解释，同样的结果硝酸铯负载量高时即使高温焙烧也仍有硝酸根特征吸收峰存在[9,11,12]。与此同时，在 910cm⁻¹ 新出现的特征峰可归属于 Cs 与磷酸根之间的相互作用。

图 4-30 和图 4-32 中样品 a～h 的具体硝酸铯掺杂量见表 4-10。

4.3.2.4　化学吸脱附（CO₂-TPD 和 NH₃-TPD）

不同焙烧温度样品的 NH₃-TPD 和 CO₂-TPD 结果如图 4-34 所示。随着焙烧温度的升高，二氧化碳和氨气的脱附峰的面积先增加后减小，这表明样品的酸碱位随焙烧温度会发生变化。

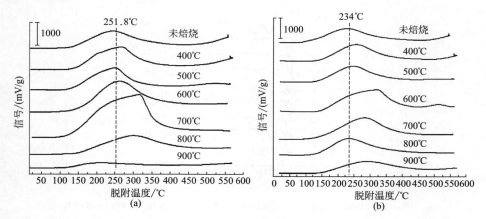

图 4-34　不同焙烧温度下 Ca∶P∶Cs＝1.622∶0.958∶1
样品的 CO_2-TPD（a）和 NH_3-TPD（b）结果

　　二氧化碳的吸脱附可以说明碱性位的情况，而氨气的吸脱附则可以说明酸性位的情况。铯掺杂的羟基磷灰石体系在 600℃ 和 700℃ 焙烧下的酸碱位最多，对应催化效果最好。可见铯掺杂的羟基磷灰石体系催化乳酸缩合反应生成 2,3-戊二酮既需要酸性位也需要碱性位，整体上是一个酸碱协同催化反应过程。

　　图 4-35 为不同铯掺杂量的羟基磷灰石体系 NH_3-TPD 和 CO_2-TPD。随

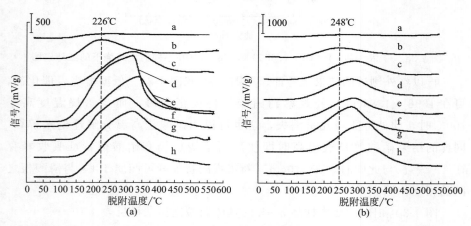

图 4-35　经 700℃ 焙烧不同 $CsNO_3$ 添加量催化剂的 CO_2-TPD（a）和 NH_3-TPD（b）结果
样品 a～h 同图 4-30

着铯掺杂量的增加，峰面积都是先增加随后趋于稳定。脱附峰的峰面积越

大，说明所脱附二氧化碳和氨气的量也越大，也就是说催化剂表面的酸性位和碱性位也越多。而催化效果也是随着铈掺杂量的增加，先增加后趋于稳定。由此可以得到这样一个结论：此系列的催化剂在催化乳酸缩合反应生成2,3-戊二酮需要一定的酸性位和碱性位，和变化焙烧温度所得到的反应规律类似，都说明这个反应是一个酸碱协同催化反应，这与前面章节所得的结果相一致[38]。

在探索与设计酸碱协同催化剂时，如何在合成过程中控制酸性位和碱性位的比例关系是很重要的。图 4-36 为原位吡啶红外吸收光谱，由图可知，在 $1490cm^{-1}$ 处的吸收峰可归属为 L 酸和 B 酸的混合酸中心，而在 $1651cm^{-1}$ 处的吸收峰为 B 酸所引起的[3,26]。铈掺杂后催化剂表面酸性位数量明显高于未掺杂样品。这与图 4-35 中的氨气化学吸脱附的测试结果相对应。

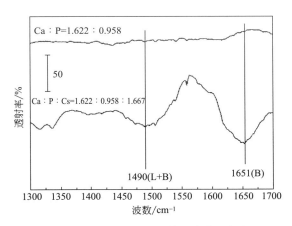

图 4-36　反应后催化剂的原位吡啶红外吸收光谱（脱附温度为 300℃，吹扫气为氮气）

4.3.3　催化性能的考察与分析

4.3.3.1　焙烧温度对催化性能的影响

表 4-11 为焙烧温度对催化性能影响的总结，可以看到，在 700℃之前随着焙烧温度的增加，2,3-戊二酮的选择性和乳酸的转化率都呈线性增加；焙烧温度高于 700℃结果相反。可见焙烧温度对催化活性来说是一个很重要的影响因素。再看 2,3-戊二酮的选择性，在 700℃焙烧催化剂后为 66.9%；焙

烧温度低如400℃焙烧和仅120℃干燥未焙烧催化剂有催化乳酸转化成丙烯酸的趋势；焙烧温度过高，如900℃时几乎检测不到2,3-戊二酮的存在，乳酸转化率也低于10%。就图4-34的化学吸脱附的数据来看，过高温度焙烧比低温焙烧所得催化剂表面的酸性位或碱性位少得多，而催化活性在过高温度焙烧条件下获得的结果最差，说明酸碱位密度对催化活性影响较大。

表 4-11　焙烧温度对催化性能的影响

焙烧温度/℃	乳酸转化率/%	选择性/%				
		PD	AD	PA	AA	AC
未焙烧	72.5	42.1	16.0	7.7	15.4	6.2
400	73.6	53.7	11.7	7.2	17.7	6.1
500	76.9	59.8	9.5	7.2	17.8	1.5
600	88.2	64.6	10.9	6.4	15.6	1.7
700	89.9	66.9	10.1	6.2	15.1	1.4
800	51.4	65.5	7.4	8.0	14.0	1.8
900	<10	—	—	—	—	—

注：催化剂所装体积，0.38mL；催化剂的投料摩尔比：Ca：P：Cs=1.622：0.958：1；粒径，20~40目；载气 N_2 流速，1mL/min；乳酸进样速度：1mL/h；乳酸的质量浓度：20%；反应温度，300℃；反应运行时间，2~9h。

4.3.3.2　铯的添加量对催化剂催化效果的影响

表4-12是在固定焙烧温度为700℃，逐步加大羟基磷灰石中铯掺杂量得到的催化剂催化性能结果。在300℃反应条件下，发现无铯添加的羟基磷灰石不但对2,3-戊二酮选择性非常差，而且乳酸转化率也低于10%。然而，单纯的羟基磷灰石对乳酸脱水合成丙烯酸反应有良好的活性，但需要更高的反应温度，譬如360℃[4,18,37,39,40]。这一结果表明，乳酸脱水与乳酸缩合反应对催化剂的表面性质要求存在明显差异。添加少量的铯，催化剂的性能大大提升，譬如乳酸转化率达50.5%，2,3-戊二酮选择性为54.3%。之后逐步加大铯掺杂量，2,3-戊二酮选择性和乳酸转化率呈现增加趋势，随后趋于稳定。催化剂 Ca：Cs=1.622：2 时，2,3-戊二酮选择性达到最高，为72.7%。继续加大硝酸铯负载量使 Ca：Cs=1.622：2.33 时，2,3-戊二酮选择性跌至60.9%，此前发现此比例催化剂经700℃焙烧后表面仍有硝酸铯存在，该物质的存在对催化性能没有积极作用，说明硝酸铯并不是催化乳酸缩合反应的活性物质。

表 4-12　铯的添加量对催化剂催化性能的影响

样品（Ca/Cs）	乳酸转化率/%	产物选择性/%				
		PD	AD	PA	AA	AC
1.622：—	约10	—				
1.622：0.334	50.5	54.3	2.8	19.1	10.5	13.1
1.622：0.667	66.7	71.8	7.6	7.9	10.1	2.4
1.622：1	89.9	66.9	10.1	6.2	15.1	1.4
1.622：1.333	90.5	69.2	9.2	6.6	13.2	1.6
1.622：1.667	91.4	69.9	9.3	5.4	13.9	1.2
1.622：2	86.3	72.7	8.6	5.9	11.1	1.4
1.622：2.33	—	60.9	14.6	8.7	12.7	2.8

注：催化剂装料体积，0.38mL；固定 Ca：P（摩尔比）＝1.622：0.958；焙烧温度，700℃；粒径，20～40目；载气 N_2 流速，1mL/min；乳酸进样速度，1mL/h；乳酸的质量浓度，20%；反应温度，300℃；反应运行时间，2～9h。

4.3.3.3　反应温度对催化效果的影响

催化剂 Ca：P：Cs＝1.622：0.958：1.667，焙烧温度为700℃条件下，考察了反应温度、保留时间和乳酸浓度对乳酸缩合反应性能的影响。

图 4-37（a）中乳酸转化率随停留时间增加而迅速升高，但是 2,3-戊二酮选择性波动非常小，说明生成 2,3-戊二酮的缩合反应占据了主导位置。此外，还发现升高反应温度对缩合反应不利，副产物乙醛和丙烯酸的量增加了。又在 290℃（相对较低温度）下考察了原料乳酸浓度对缩合反应性能的影响，发现 2,3-戊二酮选择性随原料乳酸浓度增加而升高，乳酸转化率则逐步降低。根据之前反应动力学研究[13,14]，知道乳酸缩合反应生成 2,3-戊二酮是一个二级反应，乳酸转化为乙醛、丙烯酸等其他副产物的反应是一级反应，因此可以解释原料乳酸浓度增大对生成 2,3-戊二酮反应有利，产物中 2,3-戊二酮选择性高。整个优化条件下 2,3-戊二酮收率可达 72.3%。

已有文献研究了二氧化硅和硅铝化合物负载钠盐催化乳酸缩合生成2,3-戊二酮的反应机理，发现反应初期乳酸和钠盐形成的乳酸盐才是此缩合反应

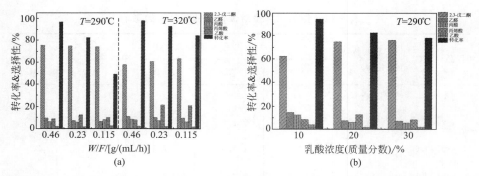

图 4-37　反应温度及停留时间对反应性能的影响（a）；乳酸浓度对反应性能的影响（b）

的活性物质[11,14,16]。在生成 2,3-戊二酮过程中有乳酸脱羧和酮化两个关键步骤，伴随脱水反应过程。脱羧反应需要碱性位，脱水的酮化反应要求酸位催化。也就是说，对于生成 2,3-戊二酮的乳酸缩合反应，同时具有酸位和碱位的双功能催化剂才是理想的选择。依据文献研究，羟基磷灰石表面具有合适催化乳酸脱水反应的酸位。但是，还需向羟基磷灰石中添加硝酸铯并经高温焙烧使铯原子进入其骨架结构，由此调节催化剂表面酸碱性，所得催化剂反应活性数据见图 4-38 和表 4-11、表 4-12。随焙烧温度升高，以 CO_2-TPD 表征结果计算的催化剂表面碱密度先增加后减小，呈火山形几何分布。催化剂表面碱/酸比也是如此。进一步计算了单位面积催化剂上乳酸消耗速率和 2,3-戊二酮生成速率，并与催化剂表面碱/酸比相关联，结果见图 4-38、图 4-39。碱/酸比在 4.0～7.5 增加，对应催化剂表面反应速率有缓慢提高；碱/酸比低于 4.0 时，表面反应速率随酸碱比增加急剧下降；因而在碱/酸比为 4 时，表面反应速率最小。

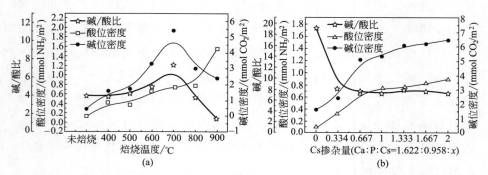

图 4-38　不同焙烧温度下催化剂的酸碱性（a）；不同铯掺杂量催化剂的酸碱性（b）

从图 4-39 似乎观察到表面反应速率随着碱酸比增加持续增加，然而并非如此。例如，纯的羟基磷灰石表面碱/酸比高达19，给出的反应活性却不到10%。有趣的是，只要向其中添加硝酸铯，其表面碱/酸比迅速降低并最终稳定在7～8，也就是说，铯组分的添加调控了催化剂表面的酸碱性。以吡啶吸附的漫反射红外光谱DRIFTS来研究这个过程（见图4-36），相对于未修饰的羟基磷灰石而言，硝酸铯掺杂之后催化剂表面Brønsted-Lewis两种酸位数目增加了，同时，碱性位也增加了，而且碱酸比落在了7～8，使得2,3-戊二酮选择性提升至54.3%～72.7%。基于以上观察，得出焙烧温度和铯掺杂量可以调节羟基磷灰石表面酸碱性，使之有利于向乳酸转化成2,3-戊二酮的方向进行。

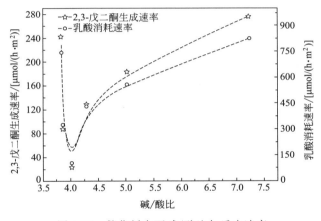

图 4-39 催化剂表面碱/酸比与反应速率

4.3.3.4 乳酸进样速度对催化剂催化效果的影响

乳酸进样速度对催化剂催化效果的影响见表4-13和表4-14。由表可知，改变乳酸的进样速度，2,3-戊二酮的选择性基本保持不变，能够保持在70%以上，但乳酸的转化率却发生了较大的变化。对尾气进行检测（见图4-40）发现，当乳酸的进样速度为1mL/h时，可以检测到CO_2的色谱峰，说明乳酸在缩合反应生成2,3-戊二酮的过程中有CO_2生成；乳酸进样速度增加为2mL/h时，CO_2的色谱峰较进样速度为1mL/h时有部分增加；而当继续增加乳酸进样速度达到3mL/h时，CO_2的峰面积不再增加。以上结果共同说明催化剂表面催化乳酸缩合反应进行的活性位是有限的，即当原料的进样速度超过某一范围时，便不能被充分地催化，从而导致乳酸的转化率和2,3-戊二酮的选择性都降低。

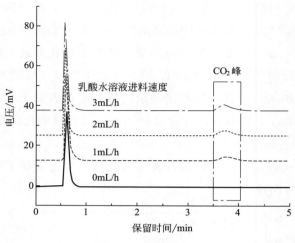

图 4-40　尾气色谱图

表 4-13　乳酸进样速度对催化剂催化效果的影响（一）

乳酸液空速/h⁻¹	乳酸转化率/%	产物选择性/%				
		PD	AD	PA	AA	AC
1.3	96.3	75.1	9.1	5.7	8.2	1.7
2.6	82.1	74.4	6.9	5.4	11.9	1.2
5.2	48.9	73.7	6.1	7.8	9.8	2.2

注：催化剂所装体积，0.38mL；焙烧温度，700℃；pH，9～10；粒径，20～40目；载气 N_2 流速，1mL/min；乳酸的质量浓度，20%；反应温度，290℃；反应运行时间，2～9h；催化剂的投料元素摩尔比，Ca:P:Cs=1.622:0.958:1.667。

表 4-14　乳酸进样速度对催化剂催化效果的影响（二）

乳酸液空速/h⁻¹	乳酸转化率/%	选择性/%				
		PD	AD	PA	AA	AC
1.3	97.4	57.5	10.7	8.0	7.6	2.0
2.6	92.5	60.3	9.8	7.0	21.0	1.6
5.2	84.1	62.8	9.3	5.8	20.5	1.3

注：表 4-14 为乳酸进样速度对催化剂催化效果的影响总结，反应条件除反应温度为 320℃之外，其他条件同表 4-13。

　　从表 4-13 可以看出，在低液空速下，乳酸的转化率较高，而 2,3-戊二酮的选择性也较高。随着原料乳酸进样量的增加，乳酸的转化率在逐渐降低，2,3-戊二酮的选择性也在逐渐降低。这可能是因为乳酸和催化剂接触的时间越长，使得催化剂可以充分发挥它的催化能力，从而导致反应效果变好。然而，表 4-14 中的数据反映出，2,3-戊二酮的选择性随着进样速度增加而呈现了升高的趋势，刚好和表 4-13 的数据相反，这说明影响 2,3-戊二酮生成的因素中反应温度也至关重要。

结合表 4-13 和表 4-14 的实验数据分析可知，同样为 5.2h⁻¹ 的乳酸进样量时，在 290℃ 时，乳酸的转化率为 48.9%；而在 320℃ 时，乳酸的转化率却为 84.1%。在不同的温度下，乳酸的转化率有着很明显的差异。这也说明反应温度是一个很重要的影响因素。在高温反应时，乳酸能够被充分地气化，从而可以和催化剂更好地接触，使得乳酸的转化率更高，但是 2,3-戊二酮的选择性会降低；相反，在低温反应时，2,3-戊二酮的选择性会提高，但是乳酸的转化率会降低。

4.3.3.5 催化剂的稳定性测试

从图 4-41 得到的稳定性测试的结果来看，催化剂的稳定性较前面两个体系而言，已经有了大幅度的提高，在运行 40 多个小时的时间内，2,3-戊

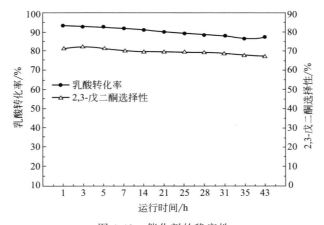

图 4-41　催化剂的稳定性

反应条件：催化剂所装体积，0.38mL；催化剂的投料摩尔比，Ca∶P∶Cs＝1.622∶0.958∶1.667；
焙烧温度，700℃；粒径，20～40 目；载气 N₂ 流速，1mL/min；
乳酸进样速率，1mL/h；乳酸的质量浓度，20%；连续进样

二酮基本上可以保持比较高的选择性，大约在 70%。而乳酸的转化率也可以保持相对较高的水平。再结合这类催化剂的 XRD 和元素 mapping 测试，可以发现硝酸铯在高温分解，铯元素掺杂到了羟基磷灰石的骨架中，与羟基磷灰石中的磷酸根发生强的静电作用，这可能是导致催化剂稳定性增强的一个重要因素。此类催化剂在制备的过程中，用到了浸渍法、蒸发驱动法和高温焙烧三种措施来使得活性组分铯与载体结合得更牢固。而传统的制备方法即浸渍法只是让活性组分前驱体负载在载体二氧化硅的表面上，这样制备的催化剂在催化反应的过程中，活性组分前驱体很容易流失，导致催化剂很容易失活，催化剂结焦变黑，稳定性差[33]。铯掺杂的氧化铝体系，虽然活性组分铯与载体结合得很牢固，但是酸碱位与催化活性不匹配，所以 2,3-戊二酮的选择性比较低。而铯掺杂的羟基磷灰石体系，解决了以上两个问题，

使得 2,3-戊二酮的选择性和催化剂的稳定性都比较好。

4.4 乳酸缩合制备 2,3-戊二酮反应机理

根据相关文献[11]得知，乳酸缩合反应制备 2,3-戊二酮的代表性可能反应机理可概括为：乳酸和硝酸盐反应生成乳酸盐；乳酸盐再和另一分子乳酸通过 Claisen 缩合反应合成 2,3-戊二酮。

基于 Cs-羟基磷灰石有关实验证据，提出以下反应机理，见图 4-42 和图 4-43。乳酸转化成戊二酮过程中有以下两个关键步骤。

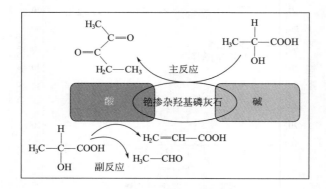

图 4-42　Cs-羟基磷灰石酸碱协同催化乳酸缩合反应生成 2,3-戊二酮

第一步，催化剂表面碱位进攻乳酸中 α-碳上的氢，形成一个烯醇形式化合物结构（Ⅰ）；失去质子之后，与另一分子乳酸发生 Claisen 缩合反应，伴随着脱去羧基，形成中间体结构（Ⅱ），观察到的实验现象为：在线色谱呈现二氧化碳峰，表明有二氧化碳产生，如图 4-40 所示。前面二氧化硅负载硝酸盐和焦磷酸钡负载硝酸盐催化乳酸缩合反应尾气在线检测结果也是如此，如图 4-44 所示。这为深入推测其反应的机理奠定了基础。

第二步，催化剂的酸位进攻中间体（Ⅱ）的 β-OH，脱去一分子水之后形成另一个烯醇式结构（Ⅲ），这个烯醇式结构不稳定又迅速异构化得到产物 2,3-戊二酮。

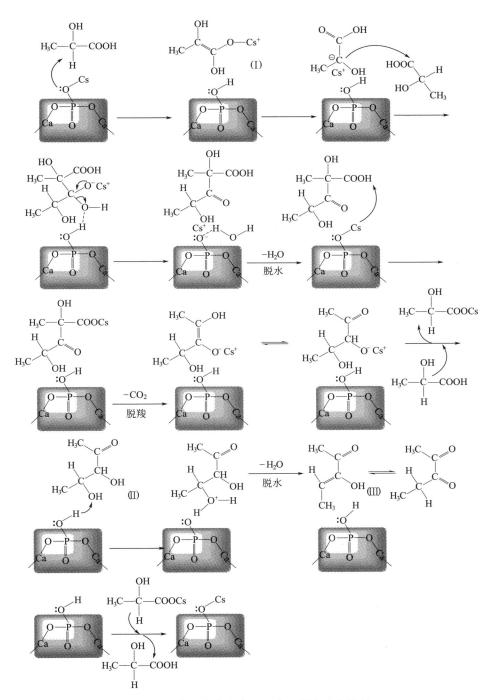

图 4-43　乳酸缩合生成 2,3-戊二酮的反应机理

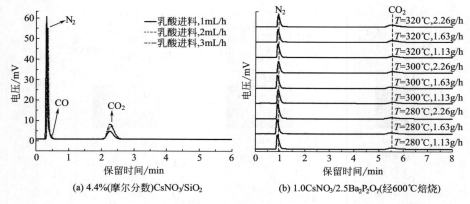

(a) 4.4%(摩尔分数)CsNO₃/SiO₂ 的图例：
乳酸进料,1mL/h
乳酸进料,2mL/h
乳酸进料,3mL/h

(b) 1.0CsNO₃/2.5Ba₂P₂O₇(经600℃焙烧)

图 4-44　乳酸缩合反应生成 2,3-戊二酮尾气分析

本 章 小 结

　　以乳酸缩合反应制备 2,3-戊二酮为模型反应，考察了二氧化硅、焦磷酸钡、羟基磷灰石负载碱金属硝酸盐的织构、表面酸碱性与缩合反应活性之间的关系。

　　第一部分，以 SiO_2 为载体，采用浸渍方法负载不同的硝酸盐。通过 CO_2-TPD 表征发现，$CsNO_3/SiO_2$ 表面碱性位远远超出其他三种硝酸盐 MNO_3/SiO_2（M=Li，Na 和 K），在乳酸缩合生成 2,3-戊二酮反应中展现出最好的催化效果，初步证明了乳酸催化转化生成 2,3-戊二酮反应过程需要一定的碱性位。

　　第二部分，以 Cs 掺杂羟基磷灰石为催化体系，系统考察了 Cs 的掺杂量和焙烧温度对催化剂的酸碱性调控规律。首次从实验角度，揭示了乳酸缩合反应和催化剂的酸碱性有关，碱/酸比值为 7～8 时，催化剂的性能最佳。较低的反应温度和液空速有利于乳酸转化为 2,3-戊二酮。铯掺杂的羟基磷灰石催化剂在催化乳酸缩合反应生成 2,3-戊二酮反应可以连续运行 40 多个小时，2,3-戊二酮的产率能稳定在 60% 左右。

　　第三部分，以具有优异脱水性能的 $Ba_2P_2O_7$ 为载体负载硝酸铯在高温焙烧下构建了 Cs-$Ba_2P_2O_7$ 催化体系。同样可以通过改变焙烧温度和 Cs 的负载量来调节催化剂表面的酸碱性，而且再次证明了从酸、碱性两方面着手可优化催化剂的缩合反应性能。虽然该反应体系的催化活性略逊色于铯掺杂的羟基磷灰石，但催化剂失活后易于再生。

参 考 文 献

［1］ Zhang X H，Lin L，Zhang T，et al. Chem Eng J，2016，284：934-941.

［2］ Lari G M，Puertolas B，Frei M S，et al. ChemCatChem，2016，8（8）：1507-1514.

［3］ Guo Z，Theng D S，Tang K Y，et al. Phys Chem Chem Phys，2016，18（34）：23746-23754.

［4］ Yan B，Tao L Z，Liang Y，et al. ACS Catal，2014，4（6）：1931-1943.

［5］ Yan B，Tao L Z，Liang Y，et al. ChemSusChem，2014，7（6）：1568-1578.

［6］ Sad M E，Pena L F G，Padro C L，et al. Catal Today，2018，302：203-209.

［7］ Katryniok B，Paul S，Dumeignil F. Green Chem，2010，12（11）：1910-1913.

［8］ Tam M S，Jackson J E，Miller D J. Ind Eng Chem Res，1999，38（10）：3873-3877.

［9］ Tam M S，Craciun R，Miller D J，et al. Ind Eng Chem Res，1998，37（6）：2360-2366.

［10］ Wadley D C，Tam M S，Kokitkar P B，et al. J Catal，1997，165（2）：162-171.

［11］ Tam M S，Gunter G C，Craciun R，et al. Ind Eng Chem Res，1997，36（9）：3505-3512.

［12］ Gunter G C，Craciun R，Tam M S，et al. J Catal，1996，164（1）：207-219.

［13］ Gunter G C，Langford R H，Jackson J E，et al. Ind Eng Chem Res，1995，34（3）：974-980.

［14］ Gunter G C，Miller D J，Jackson J E. J Catal，1994，148（1）：252-260.

［15］ Zhang J F，Zhao Y L，Pan M，et al. ACS Catal，2011，1（1）：32-41.

［16］ Zhang J F，Feng X Z，Zhao Y L，et al. J Ind Eng Chem，2014，20（4）：1353-1358.

［17］ Yan B，Tao L Z，Mahmood A，et al. ACS Catal，2017，7（1）：538-550.

［18］ Matsuura Y，Onda A，Ogo S，et al. Catal Today，2014，226：192-197.

［19］ Tang C M，Zhai Z J，Li X L，et al. J Catal，2015，329：206-217.

［20］ Tang C M，Peng J S，Li X L，et al. Green Chem，2015，17（2）：1159-1166.

［21］ Zhai Z J，Li X L，Tang C M，et al. Ind Eng Chem Res，2014，53（25）：10318-10327.

［22］ Behrens M，Studt F，Kasatkin I，et al. Science，2012，336（6083）：893-897.

［23］ Holm M S，Saravanamurugan S，Taarning E. Science，2010，328（5978）：602-605.

［24］ Guan Y，Hensen E J M. J Catal，2013，305：135-145.

［25］ Näfe G，López-Martínez M A，Dyballa M，et al. J Catal，2015，329（0）：413-424.

［26］ Sun J M，Zhu K K，Gao F，et al. J Am Chem Soc，2011，133（29）：11096-11099.

［27］ Jin X J，Yamaguchi K，Mizuno N. Angew Chem-Int Edit，2014，53（2）：455-458.

［28］ Tang C M，Peng J S，Fan G C，et al. Catal Commun，2014，43：231-234.

［29］ Lyu S，Wang T F. RSC Adv，2017，7（17）：10278-10286.

［30］ Tang C M，Zhai Z J，Li X L，et al. J Taiwan Inst Chem Eng，2016，58：97-106.

［31］ Sun L W，Li X L，Tang C M. Acta Phys -Chim Sin，2016，32（9）：2327-2336.

［32］ Fan M L，Chao Z S，Li L J，et al. Hunan Daxue Xuebao，2011，38（1）：58-62.

［33］ Sun L W，Li X L，Tang C M. Acta Phys-Chim Sin，2016，32（9）：2327-2336.

［34］ Li C，Wang B，Zhu Q Q，et al. Appl Catal A-Gen，2014，487：219-225.

［35］ Wang B，Li C，Zhu Q Q，et al. RSC Adv，2014，4（86）：45679-45686.

［36］ Vjunov A，Hu M Y，Feng J，et al. Angew Chem-Int Edit，2014，53（2）：479-482.

［37］ Ghantani V C，Lomate S T，Dongare M K，et al. Green Chem，2013，15（5）：1211-1217.

［38］ Li X L，Zhang Y，Chen Z，et al. Ind Eng Chem Res，2017，56（49）：14437-14446.

［39］ Ghantani V C，Dongare M K，Umbarkar S B. RSC Adv，2014，4（63）：33319-33326.

［40］ Matsuura Y，Onda A，Yanagisawa K. Catal Commun，2014，48：5-10.

第5章

乳酸脱氧反应合成丙酸

目前丙酸年产约为 400000t，广泛用作谷物、面包、蛋糕、奶酪、肉等的食品防腐剂[1~4]。丙酸生产主要依赖于乙烯氢甲酰化得到丙醛而后再经氧化得到[5~10]。其他合成丙酸的方法主要包括乙烯氢羧基化反应[11,12]、乙醇羰基化反应[13]、丙烯酸加氢反应[14,15]和丙烯腈水合反应[16~18]。这些制备方法均以石油作为原料，随着化学工业的快速发展，其原料将会越来越少且更加昂贵。

发酵制乳酸是生物质利用的一个重要途径，乳酸脱氧可一步法获得丙酸，经乳酸获得的丙酸比石化原料获得的丙酸更适合用于食品防腐剂。因此，由发酵乳酸制备丙酸前景很好。

铁及其氧化物催化乳酸脱氧的效果非常好，本章以此为重点，研究了铁系催化剂制备、筛选及乳酸脱氧反应工艺条件的优化等内容。铁及其氧化物首次被用来催化乳酸脱氧制备丙酸。

5.1 铁及其氧化物催化乳酸制备丙酸

5.1.1 铁系氧化物催化剂制备

单质铁和亚铁直接采用市售分析纯药品。

Fe_2O_3 的制备过程：首先称取九水合硝酸铁 8.08g，充分溶解于 100mL 去离子水中，室温下搅拌 1h；接下来逐滴加入质量分数为 25%～28% 的氨水，调节 pH 值为 8～9，形成红褐色沉淀；抽滤，用去离子水充分洗涤；120℃条件下干燥约 5h，再于马弗炉中 500℃ 焙烧 6h，备用。

Fe_3O_4 的制备过程：首先称取四水合氯化亚铁 4.09g、无水氯化铁 5.00g 充分溶解于 100mL 去离子水中，室温下搅拌 1h；接下来逐滴加入质量分数为 25%～28% 的氨水，调节 pH 值为 11，有沉淀形成；抽滤，用去离子水洗涤，再用无水乙醇洗涤；120℃条件下干燥约 5h，再于管式炉中于氩气氛下 100℃ 充分干燥约 10h，备用。

5.1.2 铁系氧化物催化剂催化性能考察与分析

铁及其氧化物催化性能考察结果见表 5-1 与图 5-1。

表 5-1　催化剂筛选

催化剂	乳酸转化率/%	选择性/%				
		PA	AD	AA	PD	AC
空白	47.5	7.3	26.5	1.6	0.5	2.1
Fe	86.1	20.8	17.1	1.4	1.1	2.1
FeO	91.1	19.2	19.8	1.3	1.1	2.0
Fe_3O_4	95.2	42.5	13.2	2.0	1.1	13.3
Fe_2O_3	96.7	46.7	12.7	2.2	0.9	14.2

注：催化剂用量：Fe，1.24g；FeO，0.99g；Fe_3O_4，0.32g；Fe_2O_3，0.44g。N_2 作载气，流速为 1mL/min；原料，20%（质量分数）乳酸水溶液；进料速度，1mL/h；反应温度，390℃；TOS，3～4h。

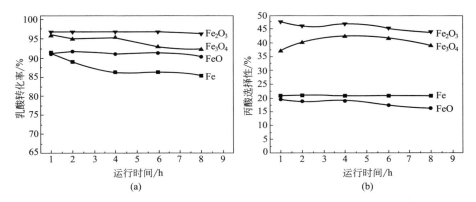

图 5-1　乳酸转化率（a）和丙酸选择性（b）随运行时间变化关系

在表 5-1 中可以清楚地看到相同条件下空白实验中乳酸转化率仅 47.5%，使用铁系催化剂后乳酸转化率大幅提升，Fe_2O_3 转化率最高达 96.7%。Fe 和 FeO 上乳酸转化率偏低可能与其比表面积较小有关，样品比表面积和孔体积的 BET 数据详见表 5-2。

表 5-2　催化剂 BET 数据

催化剂	比表面积[①]/(m²/g)	孔容/(cm³/g)
Fe	0.18(0.24)	3.66×10^{-4}
FeO	0.02(0.30)	1.13×10^{-4}
Fe_3O_4	78.62(53.1)	0.43
Fe_2O_3	24.05(26.5)	0.21

①括号中的数据为使用过催化剂的比表面积。

乳酸脱氧得到丙酸的过程是一个还原反应，低价态的铁有利于还原反应进行，Fe 和 FeO 的催化效果理论上应该比 Fe_3O_4 和 Fe_2O_3 更好，但实际上恰好相反，Fe_3O_4 和 Fe_2O_3 上丙酸选择性更高。值得注意的是，Fe_2O_3 氧化性远远强于 Fe_3O_4，但两者丙酸选择性却差别很小，分别为 46.7%

和 42.5%。

也就是说，在乳酸脱氧反应中，不管是乳酸转化率还是丙酸选择性，具有高氧化价态的催化剂 Fe_2O_3 实验效果更好。与此类似，Katryniok 等[19]人研究二氧化硅担载杂多酸 $H_4PVMo_{11}O_{40}$ 催化乳酸脱氧制丙酸反应时也发现高氧化态 V（+5）和 Mo（+6）的杂多酸比其他物质具有更高的丙酸选择性，但缺少解释。本小节试图通过对催化剂进行 BET、XRD、H_2-TPR 等表征对这个问题进行探讨。

5.1.3 催化剂表征

5.1.3.1 全自动氮气吸脱附（BET）

表 5-2 为铁及其氧化物比表面积数据。可以看到低价的铁（$0.18m^2/g$）和氧化亚铁（$0.02m^2/g$）比表面积远小于四氧化三铁（$78.62m^2/g$）和三氧化二铁（$24.05m^2/g$）。对于多相催化剂而言，比表面积大小对催化剂活性有重要影响，通常情况下高比表面积对应高催化活性，这可能是单质 Fe 和 FeO 上乳酸转化率较低的原因所在。比表面积大说明有丰富的孔道结构，其孔容必然也大，本实验中孔容测试结果排序为 FeO＜Fe＜Fe_2O_3＜Fe_3O_4，与比表面积相一致。

对反应后催化剂也做了相应的 BET 表征，除 Fe_3O_4 外，其他 Fe、FeO 和 Fe_2O_3 样品反应后比表面积均有所增加。这与 XRD 表征结果一致，正是由于反应后铁化合物都转变或部分转变为 Fe_3O_4，而表 5-2 中显示 Fe_3O_4 比表面积高达 $78.62m^2/g$，是 Fe 和 FeO 测试样品的数百倍。

5.1.3.2 扫描电镜（SEM）

通过扫描电镜对催化剂表面形貌进行表征，结果见图 5-2，所有样品均显示出无规则形态特征，而且粒子尺寸较大。

5.1.3.3 X 射线粉末衍射（XRD）

图 5-3（a）为新鲜催化剂 XRD 谱图。新鲜 Fe 样品在 $2\theta=44.7°$和 $2\theta=65.0°$出现两个特征衍射峰，分别对应（110）和（200）晶面（Fe 标准卡片 JCPDS NO. 65-4899）。新鲜 FeO 在 $2\theta=36.0°$、$41.9°$、$60.6°$和 $72.7°$处四个特征衍射峰分别对应（111）、（200）、（220)和(311)晶面（FeO 标准样品卡片 JCPDS NO. 06-0615）。新鲜

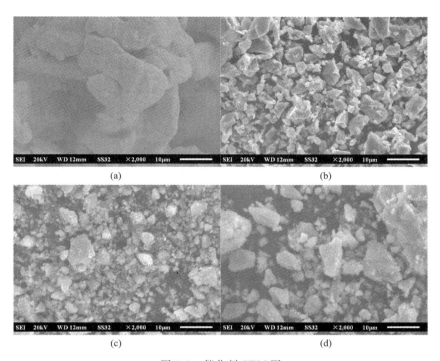

图 5-2　催化剂 SEM 图

（a）Fe；（b）FeO；（c）Fe$_3$O$_4$；（d）Fe$_2$O$_3$

Fe$_2$O$_3$ 分别在 $2\theta = 24.0°$、$33.1°$、$35.5°$、$40.8°$、$49.5°$、$54.1°$、$62.4°$和 $63.9°$处有八个特征衍射峰，对应(012)、(104)、(110)、(113)、(024)、(116)、(214) 和 (300) 晶面（Fe$_2$O$_3$ 标准样品卡片 JCPDS NO. 33-0664）。新鲜 Fe$_3$O$_4$ 催化剂分别在 $2\theta = 30.1°$、$35.4°$、$43.1°$、$53.4°$、$56.9°$和 $62.5°$处有六个特征衍射峰，对应（220）、(311)、(400)、(422)、(511) 和 (440) 晶面（Fe$_3$O$_4$ 标准样品卡片 JCPDS NO. 65-3107）。

为了弄清乳酸脱氧制丙酸反应的活性物种，对反应 8h 之后的催化剂进行 XRD 测试，结果见图 5-3（b）。对比图 5-3（a）和图 5-3（b），参考 Fe$_3$O$_4$ 标准卡片 JCPDS NO. 65-3107，所有使用过的催化剂都出现 Fe$_3$O$_4$ 特征衍射峰。Fe$_2$O$_3$ 反应后完全转变为 Fe$_3$O$_4$，但是 Fe 和 FeO 只有一小部分发生转化，其余仍保持 Fe 相和 FeO 相。对比 Fe、FeO、Fe$_2$O$_3$ 和 Fe$_3$O$_4$ 四种催化剂反应后的 XRD 谱图，Fe$_2$O$_3$ 反应后样品形成的 Fe$_3$O$_4$ 特征衍射峰最强，大约是反应后 Fe$_3$O$_4$ 强度的五倍之多，对应图 5-1（b）中最高的丙酸选择性。新鲜 Fe 和 FeO 反应后部分转化为 Fe$_3$O$_4$，所以 Fe$_3$O$_4$ 特征衍射峰较弱，丙酸选择性也低。Fe$_3$O$_4$ 反应前后相态保持一致。根据以上事实，认定 Fe$_3$O$_4$ 为催化乳酸脱氧制备丙酸反应的活性相。

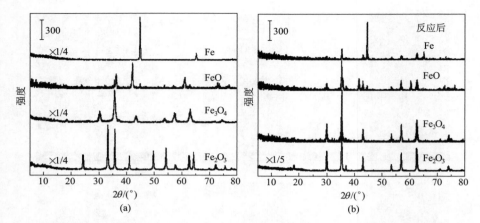

图 5-3　新鲜催化剂（a）及对应反应 8h 后催化剂（b）XRD 谱图

进一步探讨 Fe_2O_3 转变为 Fe_3O_4 所需时间。图 5-4 为新鲜催化剂 Fe_2O_3 及反应后催化剂 XRD 谱图，由图可知，大部分 Fe_2O_3 在反应开始的 0.5h 内就发生转化，反应 1.0h 时可认为已转化完全。表明 390℃的实验条件下乳酸蒸气能够快速将 Fe_2O_3 还原为 Fe_3O_4。另外，这一点也可以从 Fe_2O_3 和 Fe_3O_4 的 XPS 反应前后得到证实（见图 5-5）。

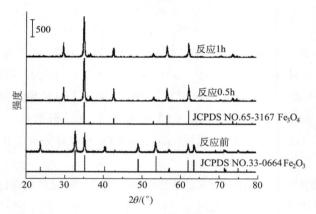

图 5-4　新鲜催化剂 Fe_2O_3 及反应后催化剂 XRD 谱图

5.1.3.4　傅里叶红外（FT-IR）

傅里叶红外表征催化剂结果见图 5-6。与反应前催化剂相比较，反应后样品在 $580cm^{-1}$ 出现了 Fe_3O_4 特征吸收峰，通过比较吸收峰强度，发现 Fe 和 FeO 部分转化为 Fe_3O_4，而 Fe_2O_3 完全转化为 Fe_3O_4。这一结果与样品 XRD 谱图的分析结果相吻合。

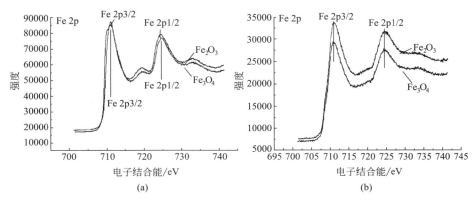

图 5-5 Fe_2O_3 及 Fe_3O_4 反应前 (a) 及反应后 (b) XPS

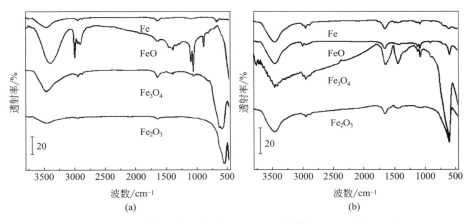

图 5-6 催化剂傅里叶红外谱图：(a) 反应前和 (b) 反应 8h 后

5.1.3.5 氢气程序升温还原（H₂-TPR）

图 5-7 为新鲜催化剂 H₂-TPR。在 350~600℃ 观察到 Fe_3O_4 和 Fe_2O_3 在 476℃ 和 539℃ 出现两个氢气还原峰，FeO 只在高温段出现氢气还原峰。相对而言，低温还原峰对应的还原过程较易进行。实际上，表 5-1 中副产物乙醛的量非常大，乳酸转化为乙醛的过程总伴随大量 H₂ 产生[20~25]，此还原气氛很容易将 Fe_2O_3 还原为 Fe_3O_4，但却很难还原至 FeO，更难还原至单质 Fe。

Fe_2O_3 反应后样品的 H₂-TPR，见图 5-8。与新鲜 Fe_2O_3 相比，反应后 Fe_2O_3 低温段氢气还原峰向更低温度区移动，逐渐与新鲜 Fe_3O_4 氢气还原峰位置接近。值得注意的是，反应后 Fe_2O_3 低温段氢气还原峰强度大大降低。进一步计算了 Fe_2O_3 和 Fe_3O_4 各自反应前后四个样品

H_2-TPR 测试中所消耗氢气量，发现反应后的两个样品对氢气需求量几乎相同，见表 5-3。

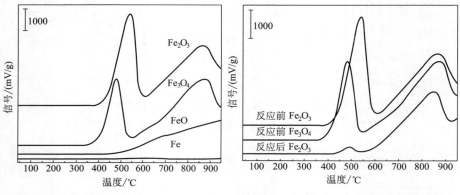

图 5-7　新鲜催化剂 H_2-TPR 数据

图 5-8　新鲜 Fe_2O_3、Fe_3O_4 及反应
后 Fe_2O_3 H_2-TPR

表 5-3　催化剂 H_2-TPR 过程 H_2 的消耗

催化剂	H_2-TPR 还原消耗量/($\mu mol\ H_2/g$)	
	低温还原量	高温还原量
反应前 Fe_2O_3	84.1	70.2
反应前 Fe_3O_4	47.6	73.8
反应后 Fe_2O_3	4.0	59.5
反应后 Fe_3O_4	3.9	49.3

5.1.4　铁系氧化物催化乳酸脱氧制丙酸工艺条件优化

铁系催化剂催化乳酸脱氧反应的讨论可以证实 Fe_3O_4 为反应过程的活性物质，更重要的是 Fe_2O_3 作为活性物质前体可以很容易地原位还原为 Fe_3O_4 并提供最好的催化性能。因此，在接下来的工艺条件优化实验中均以 Fe_2O_3 作为催化剂前驱体，考察反应温度、原料液空速对乳酸转化率、丙酸选择性和比表面反应速率等的影响。

5.1.4.1　反应温度的影响

图 5-9 是反应温度对乳酸转化率，比表面反应速率的影响。在 360～400℃升高反应温度，乳酸转化率由 90.7% 升高至 98.4%。360℃时丙酸选择性为 28.1%，当温度升至 390℃时丙酸选择性迅速升至 46.7%。但是，当温度继续升至 400℃时丙酸选择性反而跌至 19.5%，表明 400℃时副反应速率比丙酸的生成速率还要快。因此，390℃为乳酸转化制备丙酸最佳反应温度。

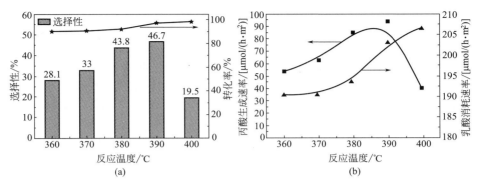

图 5-9　反应温度对乳酸转化率（a）及比表面反应速率（b）的影响

反应条件：催化剂用量，0.38mL；Fe_2O_3，0.44g；N_2 作载气，流速为 1mL/min；
进料速度，1mL/h；原料，20%（质量分数）乳酸水溶液；TOS，3～4h

为什么丙酸选择性在此温度区间有如此巨大的变化，将反应温度与表面反应速率进行关联，结果见图 5-9（b）。整个升温过程中乳酸消耗速率始终是增加的，而丙酸的生成率则先是随反应温度升高而增加，当温度高于 390℃ 以后又迅速降低。图 5-9（b）通过比表面反应速率进一步说明在较高反应温度时丙酸生成速率慢于副反应速率。

5.1.4.2　液空速(LHSV)的影响

液空速对反应性能的影响见图 5-10，实验中催化剂用量为 0.38mL，Fe_2O_3 用量为 0.44g，反应温度为 390℃，载气 N_2 流速为 1mL/min，20% 乳酸水溶液进料，进料速度由 0.5mL/h 变化到 15mL/h（液空速 LHSV = 1.3～39.5h^{-1}），反应时间为 3～4h。

从图 5-10 可以清楚地看到，当乳酸液空速由 1.3h^{-1} 升高至 2.6h^{-1} 时，丙酸选择性由 33.4% 迅速升高至 46.7%。随后，当液空速进一步提高时，丙酸选择性维持在 43% 到 46% 之间。另外，当液空速由 1.3h^{-1} 变化至 39.5h^{-1} 整个实验过程中，乳酸转化率只由 98.4% 下降至 88.4%，这充分表明乳酸脱氧到丙酸的过程是一个快速反应。

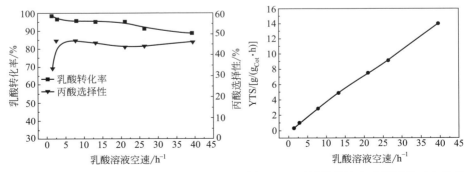

图 5-10　乳酸液空速对反应性能的影响　　图 5-11　不同乳酸液空速下丙酸时空收率

图 5-11 为 1.3～39.5h^{-1} 不同液空速下丙酸的时空收率，其计算方法参考文献[25，26]。初始段丙酸时空收率与乳酸液空速同方向增加。当液空速为 26.3h^{-1} 时，乳酸残留量为 8.5%。此时再进一步增大乳酸进料量（液空速高于 26.3h^{-1}），由于实验装置单位时间单位面积上的传热量受到限制，大量乳酸来不及汽化就进入催化剂床层，导致乳酸转化率有明显下降。因此，在 390℃ 反应温度下，进料乳酸的液空速设定在 26.3h^{-1} 是比较合适的。

值得一提的是，与目前乳酸制备丙烯酸和乙醛的相关报道相比较[24,27～32]，本实验中乳酸进料量达 10mL/h（相当于液空速为 26.3h^{-1}），Fe_2O_3 催化剂的转化能力非常高，这可能是由于 Fe_2O_3 发生原位还原后生成的 Fe_3O_4 具有非常大的比表面积，具有更多的反应位点。

5.1.4.3　催化剂稳定性与再生性测试

在反应温度为 390℃、乳酸进料速度 10mL/h（相当于液空速为 26.3h^{-1}）的条件下进行催化剂的稳定性测试，结果见图 5-12。

乳酸转化率随反应进行缓慢降低。运行 100h 后乳酸转化率由初始时的 95.7% 降低至 69.3%，绝对值降低了 26.4%。丙酸选择性随时间也相应缓慢降低。

使用后的催化剂在空气氛中 500℃ 条件下焙烧 6h，再次测试其催化性能，结果见图 5-13，可知简单焙烧后催化性能基本可以完全恢复。

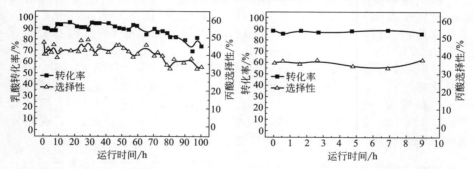

图 5-12　新鲜 Fe_2O_3 催化剂稳定性测试　　图 5-13　反应后催化剂经 500℃ 重新
焙烧后稳定性测试

5.1.5　反应机理研究

以 Fe_2O_3 催化乳酸合成丙酸的实验结果为基础设计出两种可能的反应路线，详见图 5-14。

路线一：乳酸脱水得到丙烯酸作为反应中间体，之后经过加氢得到丙酸。如果这一路线成立，催化剂应该包含催化脱水和催化加氢两种功能。从

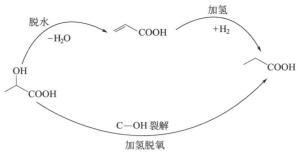

图 5-14　乳酸合成丙酸可能的反应路线

表 5-1 产物分布数据（产品选择性分布数据）可以看到丙烯酸的量较低，约为 $1.3\%\sim2.2\%$，丙烯酸作为中间体浓度较低将不利于形成丙酸。但是，另一种可能性是，丙烯酸加氢速率快于乳酸脱水速率，导致中间体丙烯酸浓度较低。为了验证这一观点的正确性，仍采用 Fe_2O_3 作为催化剂，其他条件不改变，将进料改为 10% 丙烯酸水溶液，结果发现丙烯酸转化率为 40%，丙酸选择性为 31.6%。将这个结果与原来以乳酸作为原料时（乳酸转化率为 96.7%，丙酸选择性为 46.7%）相比较，说明丙烯酸加氢过程并不是一个快反应。换句话说，乳酸脱水到丙烯酸再加氢得到丙酸的反应路线一并不是乳酸制备丙酸的主要反应路线，而可能仅是一个辅助路线。

　　路线二：乳酸直接通过脱氧反应（C—OH 断裂）直接得到丙酸。具体过程为：存在于反应系统中的原子氢将 Fe^{3+} 还原为 Fe^{2+}，同时氢从铁氧化物中得到一个氧原子形成水分子；Fe^{2+} 从乳酸分子中的羟基获得一个氧原子被氧化为 Fe^{3+} 与此同时使乳酸脱氧生成丙酸。乳酸转化为丙酸不管是经历路线一还是路线二，加氢都是必要的。路线二中以加氢结合成水来消耗主反应产生的氧，促进生成丙酸的主反应。在反应中尝试用氢气代替氮气作为载气，乳酸转化率基本不变，丙酸选择性只有轻微提高，这说明外加氢（分子氢）不能提高催化反应活性，只有原子氢和电离氢（H^+ 或 H^-）这样的内部原位氢才可能有此作用。

　　内部氢的产生主要有两个来源，详见图 5-15。一方面，乳酸通过脱羧反应生成乙醛的气体产物主要是 CO_2 和 H_2；另一方面，乳酸脱羰反应主产物也为乙醛，气体产物主要是 CO 和 H_2O，以及通过变换反应生成的 H_2 和 CO_2。在关于乳酸制备乙醛的前期研究中[22,24,25,33]，对尾气进行色谱定量分析（TDX-01 填充柱、TCD 检测器）发现 CO_2/CO 摩尔比为 4：1，表明乳酸脱羧反应快于脱羰反应，或 CO 可通过水煤气变换反应快速转化为 CO_2。其实，不管是脱羧还是脱羰过程都有内部氢产生，当反应温度升高时，更倾向于脱羰过程，可借助水煤气变换反应生成更多内部氢，获得更高的丙酸选择性。

　　在表 5-1 中观察到另外一个现象，乳酸脱氧反应副产物乙酸选择性 Fe_2O_3（14.2%）和 Fe_3O_4（13.3%）远高于 Fe（2.1%）和 FeO

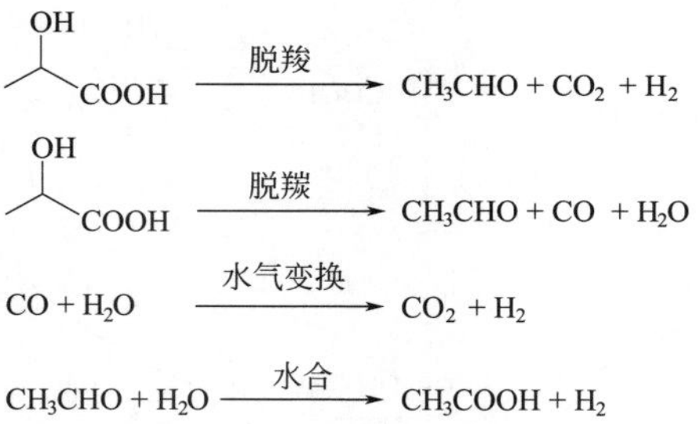

图 5-15 可能的内部氢的来源途径

（2.0%），说明副产物乙酸可能是从乙醛水氧化而来[23]，此反应过程也有内部氢产生。另外，高温下部分有机化合物也可以直接与水发生反应生成 CO、CO_2 和 H_2，为乳酸合成丙酸反应提供氢源[34～39]。

5.2 高比表面积的氧化铁对催化乳酸脱氧反应合成丙酸的增强作用

前一节在研究乳酸脱氧反应中，对铁系催化剂进行了系统的研究，发现 Fe_3O_4 为活性物质。然而，该工作所构建的铁系催化剂的比表面积较小，活性位点暴露不充分。在这部分工作中，采用软模板、分子组装方法合成高比表面积的铁系催化剂。从模板剂类型、沉淀剂种类、pH 值这三方面来提升催化剂表面及活性位点暴露，以提高乳酸脱氧反应催化效果。

5.2.1 催化剂的制备方法

5.2.1.1 前驱体 Fe_2O_3 的制备方法

称取 1.5g 模板剂（聚醚、壳聚糖、葡萄糖）充分溶于 50mL 蒸馏水中后，加入 2g $Fe_2(SO_4)_3$ 搅拌 30min 后形成溶液，再缓慢滴加沉淀剂（KOH、NaOH、氨水、乙二胺、正丁胺）调节溶液 pH 形成 $Fe(OH)_3$ 红褐色沉淀，陈化 12h 后抽滤、蒸馏水洗涤三次后转移到 100℃ 的干燥箱中干燥 10h，然后在 550℃ 的马弗炉中焙烧 10h 即形成所需的 Fe_2O_3 催化剂。

5.2.1.2 Fe_3O_4 催化剂的制备方法

用所制备的 Fe_2O_3 前驱体在 390℃ 高温的条件下被含有乳酸和水的混合蒸气（20：80，质量比）还原。

5.2.2 不同条件制备的 Fe_2O_3 前驱体对反应活性的影响

5.2.2.1 不同模板剂制备的 Fe_2O_3 前驱体对反应活性的影响

采用不同模板剂制备的 Fe_2O_3 前驱体在 390℃ 高温，进料速度为 1.6mL/h，载气流速为 1.2mL/min 的条件下被含有乳酸和水的混合蒸气（20：80，质量比）还原后生成 Fe_3O_4 催化剂催化乳酸脱氧制备丙酸，相关的活性数据见图 5-16（a）、（b）和表 5-4。从表 5-4 中可以清晰地看出，制备 Fe_2O_3 前驱体所用模板剂种类不同时，催化剂对丙酸的选择性以及乳酸的转化率也展示出不同的催化效果。当制备催化剂的模板剂为聚醚时，乳酸的转化率达到 96.8%，丙酸的选择性达到优于其他两者的最佳值 67.8%；当模板剂为葡萄糖时，乳酸的转化率优于其他两者，达到 98.3%，对丙酸的选择性也达到 58.3%；然而，当壳聚糖作为模板剂时，乳酸的转化率和丙酸的选择性都较低于其他两者的数值，分别只有 94.7% 和 55.9% 的结果。

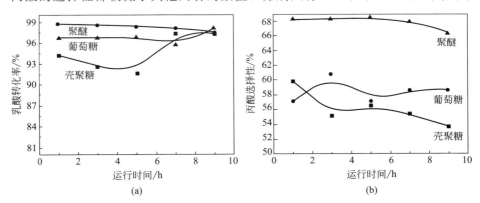

图 5-16 不同模板剂制备催化剂对乳酸转化率的影响（a）和对丙酸选择性的影响（b）

表 5-4 模板剂对催化剂催化乳酸制备丙酸的催化性能影响

模板剂	乳酸转化率/%	选择性/%				
		AD	AC	PD	PA	AA
壳聚糖	94.7	3.2	33.6	5.4	55.9	1.7
葡萄糖	98.3	1.7	33.0	4.8	58.3	1.9
聚醚	96.8	1.5	25.3	3.5	67.8	1.6

注：模板剂用量为 0.38~0.40g；沉淀剂为乙二胺；pH＝10~11；催化剂填充高度 3cm；粒径为 20~40 目；载气（N_2）流速，1.2mL/min；进料为 20% 乳酸；进料速度 1.6mL/h。

5.2.2.2 不同沉淀剂制备的 Fe_2O_3 前驱体对反应活性的影响

在制备 Fe_2O_3 前驱体过程中，沉淀剂对反应活性起着重要的影响。主要选用碱金属氢氧化物（KOH、NaOH）、无机弱碱（NH₃）、有机强碱（乙二胺）、有机中强碱（正丁胺）四大类作为制备催化剂过程中的沉淀剂。催化反应活性数据见图 5-17 和表 5-5，从图中可以清晰地看出当正丁胺作为沉淀剂时，该催化剂对乳酸的转化率优于其他几类沉淀剂，然而对于丙酸的选择性却没有展现出最佳的效果，较次于乙二胺作为沉淀剂。进一步观察表中相关活性数据，不论是碱金属氢氧化物还是无机弱碱作为沉淀剂制备催化剂，对乳酸的转化率和丙酸的选择性都没有展现出最佳的催化活性，然而用有机强碱乙二胺作为沉淀剂时，虽然对乳酸的转化率为 96.8% 稍低于有机中强碱正丁胺作为沉淀剂的 98.7%，但是对于相应催化剂对丙酸的选择性而言，前者 67.8% 的选择性远远高于后者 43.4% 的选择性。

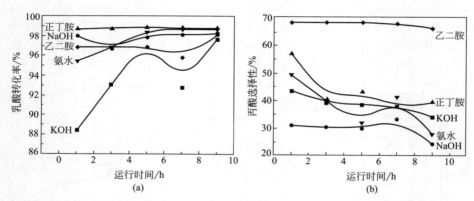

图 5-17　不同沉淀剂制备催化剂对乳酸转化率的影响(a)和对丙酸选择性的影响(b)

表 5-5　沉淀剂对催化剂催化乳酸制备丙酸的催化性能影响

沉淀剂	乳酸转化率/%	选择性/%				
		AD	AC	PD	PA	AA
KOH	93.9	2.9	44.6	11.0	38.6	2.7
NaOH	97.8	10.4	49.9	7.5	29.7	2.3
正丁胺	98.7	6.2	41.4	5.4	43.4	3.2
氨水	97.6	8.9	43.0	7.1	37.8	2.9
乙二胺	96.8	1.5	25.3	3.5	67.8	1.6

注：模板剂为聚醚；pH＝10～11；催化剂填充高度 3cm；粒径，20～40 目；载气 N₂ 流速，1.2mL/min；进料（质量分数为 20% 乳酸）速度，1.6mL/h。

5.2.2.3　不同 pH 值制备的 Fe₂O₃ 前驱体对反应活性的影响

前驱体 Fe₂O₃ 制备过程中不同的 pH 值，对后续的反应活性也将产生一定的影响。不同 pH 值所对应的活性数据见图 5-18 和表 5-6。从图中可以看出，pH 值的改变对乳酸转化率的影响较小，但是对丙酸选择性的影响却较大。随着反

应时间的推移，pH 值为 7 的相应催化剂对于乳酸的转化率和丙酸的选择性影响
却较大，呈现出了较大的波动趋势。然而 pH 值为 10～11 相应催化剂对丙酸的选
择性影响较小，呈现出相对平稳的趋势，且一直都保持着相对优于其他 pH 数值
下制备的催化剂活性。进一步从表 5-6 中可以得出，当 pH 值从 5～6 增加到 7
时，相应催化剂对于乳酸的转化率和丙酸的选择性都呈现出下降趋势。当 pH 值
从 7 逐渐增加到 12 时，相应催化剂对于乳酸的转化率呈现出逐渐递增的趋势，
丙酸的选择性先增加后减小，在 pH 值为 10～11 时达到最大值 67.8%。虽然调
节 pH 值对催化剂相应的催化活性有一定的影响，但总的来说影响不大。

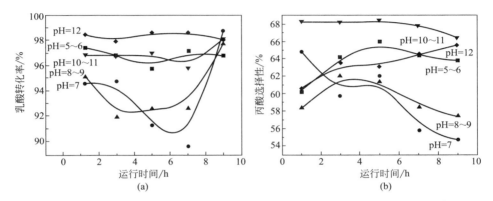

图 5-18　不同 pH 值制备催化剂对乳酸转化率的影响（a）和对丙酸选择性的影响（b）

表 5-6　pH 值对催化剂催化乳酸制备丙酸的催化性能影响

pH 值	乳酸转化率/%	选择性/%				
		AD	AC	PD	PA	AA
5～6	96.8	2.0	28.3	3.8	64.0	1.6
7	93.7	2.4	32.1	4.1	59.4	1.7
8～9	94.0	2.2	32.0	4.3	59.5	1.8
10～11	96.8	1.5	25.3	3.5	67.8	1.6
12	98.3	1.5	29.7	3.4	63.4	1.6

注：模板剂为聚醚，沉淀剂为乙二胺，催化剂填充高度 3cm；粒径，20～40 目；载气 N_2 流速，
1.2mL/min；进料（质量分数 20% 乳酸）速度，1.6mL/h。

5.2.3　催化剂表征

5.2.3.1　样品的织构属性(BET)和扫描电镜 SEM

用 Autosorb IQ 仪器测试采用不同时间处理后的样品的物理性质，结果如
表 5-7 所示。可以清楚地看到，随着还原时间的增加，样品的比表面积略有下

降，孔径几乎保持不变（30.5～31.4nm）。但值得注意的是，相比于新鲜样品（Fe₂O₃），处理过的样品的孔体积增加。显然，孔是由于颗粒堆积所形成（图 5-19 为样品的吸附等温线）。可能的原因是，当样品被高温蒸气处理时原本堆积颗粒变得疏松。在这一点上，可以从样品的 SEM 照片上观察得到证实（图 5-20）。

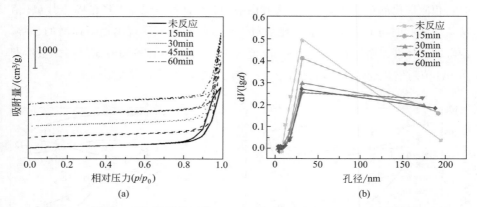

图 5-19　样品 N₂-吸-脱附等温线（a）及样品相应的孔径大小分布曲线（b）

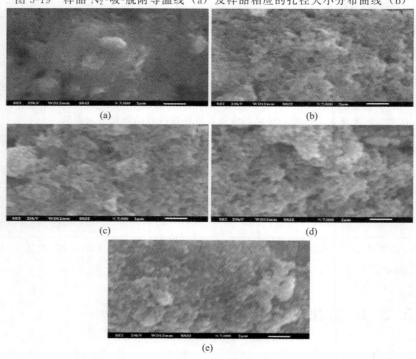

图 5-20　各样品的 SEM

（a）未反应 Fe₂O₃；（b）处理 15min 的样品；（c）处理 30min 的样品；
（d）处理 45min 的样品；（e）处理 60min 的样品

表 5-7　采用不同反应时间处理后的样品的 BET 数据

处理时间/min	比表面积/(m²/g)	孔容/(cm³/g)	孔径/nm
0	33.9	2.6×10^{-1}	31.4
15	30.8	3.2×10^{-1}	30.9
30	31.6	3.1×10^{-1}	31.0
45	28.8	3.2×10^{-1}	30.9
60	31.4	2.9×10^{-1}	30.5

注：Fe_2O_3 是通过使用 $Fe_2(SO_4)_3$，聚醚作为模板剂，乙二胺沉淀剂，pH＝10～11，550℃马弗炉中焙烧 10h 而得。

5.2.3.2　X 射线粉末衍射（XRD）

虽然从表 5-7 所得样品的比表面积这一物理性质随着处理时间的不同相应的数据也略有不同，但 X 射线粉末衍射观察到了样品结构的巨大变化，结果如图 5-21 所示。用聚醚作为模板剂，乙二胺作为沉淀剂，pH 值

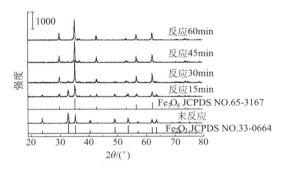

图 5-21　新鲜样品 Fe_2O_3 和相应处理 15～60min 的样品 XRD

控制在 10～11 的条件下制备的新鲜样品与 Fe_2O_3 的标准样品（JCPDS NO.33-0664）能很好地匹配，新鲜样品（Fe_2O_3）在 $2\theta=33.18°$、$35.58°$、$49.5°$和 $54.1°$显示出四个特征衍射峰，分别对应晶面（104）、（110）、（024）和（116）。当新鲜样品（Fe_2O_3）在水-乳酸蒸气气氛下处理，Fe^{3+} 快速被还原。这些现象可以从 XRD 数据图中很容易观察到。如图 5-21 所示，它主要表现在 $2\theta=33.1°$的特征衍射峰上，随着处理时间延长到 60min，Fe_2O_3（104）晶面大幅度减小直至它完全消失。相反，随着处理时间的延长，$2\theta=35.58°$的特征衍射峰强度逐渐增加。可以清晰看出，当处理时间为 60min 时，Fe_2O_3 已完全转化为 Fe_3O_4，该样品与 Fe_3O_4 标准样品（JCPDS NO.65-3167）匹配，在 $2\theta=30.18°$、$35.58°$和 $43.18°$有三个特征衍射峰，分别对应晶面（220）、（311）和（400）。除此之外，为了观察 Fe_2O_3 是否可以在乳酸-水蒸气中进一步还原为 FeO，将

处理时间进一步延长到 600min，结果如图 5-22 所示。有趣的是，Fe_2O_3 并没有进一步还原成 FeO，也没有还原成 Fe，而是一直保持在 Fe_3O_4 物相的状态。这些实验证据表明，Fe_2O_3 可在乳酸水蒸气氛围下，迅速转化为 Fe_3O_4 而且停留在这一物相状态，这也是前面一节发现 Fe_2O_3 前驱体可良好催化脱氧反应的原因[40]。

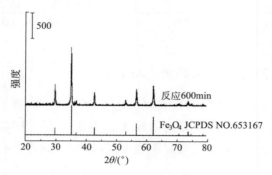

图 5-22　600min 处理的样品的 XRD

5.2.3.3　傅里叶红外（FT-IR）

为了进一步探讨 Fe_2O_3 在乳酸-水蒸气处理过程中的还原过程，用红外光谱测定了处理不同时间的样品，结果如图 5-23 所示。在新鲜样品（Fe_2O_3）中，特征吸收带位于 $543cm^{-1}$，属于 Fe=O 键伸缩振动[41,42]。当样品是在高温 390℃下使用含有乳酸和水的混合蒸气（20：80，质量比）还原时，$\nu_{(Fe=O)}$ 特征吸收带向高波数（约 $574cm^{-1}$）方向移动，这反映出

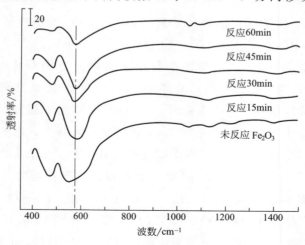

图 5-23　新鲜样品 Fe_2O_3 和相应处理 15～60min 的样品的 FT-IR 谱图

　乳酸基化学品催化合成技术

样品中铁的氧化态在下降。结果表明，Fe_2O_3 在由乳酸和水组成的蒸气气氛中处理下能得到很好的还原。

5.2.3.4　X 射线光电子能谱(XPS)

XPS 也被用来研究 Fe_2O_3 的还原过程，结果如图 5-24 所示。新鲜样品（Fe_2O_3）的 Fe 2p 的高分辨率 XPS 曲线和相应处理 $15 \sim 60min$ 的样品。清楚地观察到 Fe $2p_{3/2}$ 的电子结合能向低结合能方向移动。例如，对于新鲜样品在 Fe $2p_{3/2}$ 的电子结合能为 712.1eV，当样品采用由乳酸和水蒸气气氛中处理后它降低到 710.9eV[43,44]。但它仍然高于 FeO 的 Fe $2p_{3/2}$ 的结合能（$709.2 \sim 710.2eV$），这表明 Fe_2O_3 还原成了 Fe_3O_4 而不是 FeO。

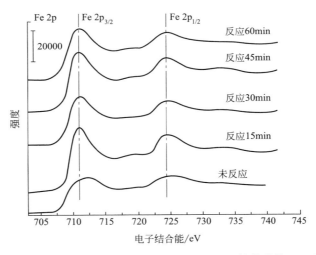

图 5-24　新鲜样品 Fe_2O_3 和相应处理 $15 \sim 60min$ 的样品的 XPS 谱图

5.2.3.5　H_2 程序升温还原(H_2-TPR)

根据 X 射线粉末衍射和红外光谱表征得到的结果，发现样品（Fe_2O_3）在乳酸和水（20∶80，质量比）的混合蒸气中处理后发生了结构上的变化。但是，这些材料经高温蒸气处理后的氧化还原性质尚不清楚。因此 H_2-TPR 测试被用来研究其氧化还原性质[40]，结果如图 5-25 所示。显然，在 $515 \sim 540℃$，$606 \sim 610℃$ 和 $790 \sim 805℃$ 的位置有三个 H_2 消耗峰。显然，对于新鲜样品而言，在中间温度（约600℃）的峰很小。新鲜样品同处理 15min 后的样品进行比较后发现，当样品用乳酸和水（20∶80，质量比）混合蒸气处理后，中温峰开始升高。相反，在较低的温度（约540℃）峰急剧降低。随着样品的进一步处理，低温和中温峰都在降低。值

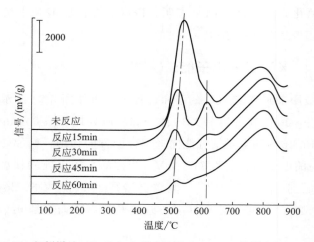

图 5-25　新鲜样品（Fe$_2$O$_3$）和相应处理 15～60min 的样品的 H$_2$-TPR

得注意的是，处理时间为 60min 的样品的中温峰值几乎消失，低温峰值仍保持着。另外值得注意的是，在较低的温度的峰有向更低温方向移动的趋势。在较低的温度峰值及其向低温运动同时存在，这表明铁的氧化态在＋2 价和＋3 价之间，因为混合气体（H$_2$：Ar＝8：92,摩尔比）很难还原 FeO（＋2 价）为 Fe（图 5-26）。这些结果与前面 XRD，FT-IR 和 XPS 中的结果吻合，在乳酸和水蒸气混合气氛中 Fe$_2$O$_3$ 可以很好地还原到 Fe$_3$O$_4$ 的状态，而不是 FeO。

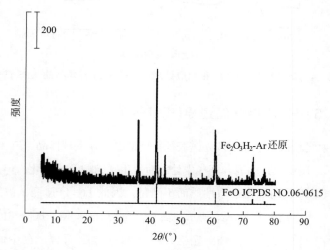

图 5-26　新鲜 Fe$_2$O$_3$ 使用 H$_2$：Ar（8：92，摩尔比）混合气体还原后所得样品的 XRD 谱图

　　图 5-21～图 5-25 的还原条件为：20％（质量分数）的乳酸水溶液在390℃加热转化为混合蒸气，用于不同时间 Fe$_2$O$_3$ 的还原。

5.2.4 反应温度的影响

以制备的 Fe_2O_3 作为乳酸脱氧制丙酸的催化剂前驱体，反应条件为：催化剂用量为 0.38mL，0.42~0.45g，催化剂在温度为 550℃时焙烧 10h，颗粒尺寸为 20~40 目，载气 N_2 流速为 1.2mL/min，反应进行时间为 5~7h，进料速度为 1.6mL/h，乳酸的质量浓度为 20%。图 5-27 描述了反应温度对反应性能的影响。为了解催化剂对反应的实际贡献，在反应温度为 390℃进行空白实验，结果如图 5-27 所示，乳酸的转化率仅仅为 47.5%，远低于在催化剂反应温度分别为 360℃、390℃和 410℃时所得到的结果。此外，产品的选择性也不同。在空白实验中，乙醛（选择性：26.5%）是主要的产品，其次是丙酸（选择性：7.3%）。当催化剂存在下，反应性能大大提高。但是，反应性能的差异主要体现在不同的反应温度的条件下，特别是产品的选择性。与在反应温度为 390℃的空白实验结果（乳酸转化率 47.5%）相比，在催化剂存在的情况下，当反应温度在 360℃时乳酸转化率升高到 93.2%，这表明原位产生的 Fe_3O_4 表现出了优异的活性。当温度继续升高，乳酸转化率略微增加。与反应温度对转化率的影响不同，丙酸的选择性随温度的变化而变得复杂。丙酸选择性与反应温度呈火山型变化趋势，揭示了反应温度对生成的丙酸选择性重要作用。通过对不同温度下的产品分布的观察，副反应乙醛的生成影响丙酸的生成。有文献报道[20,28,45,46]，升高反应温度有利于通过乳酸脱羰/脱羧生成乙醛。在反应温度为 410℃的时候，乙

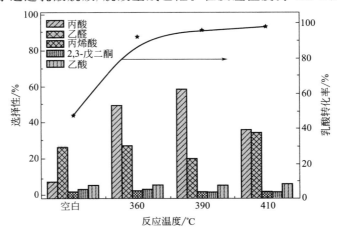

图 5-27 在不同反应温度下的催化性能

醛的选择性高达 34.5%，超过了催化剂在反应温度为 390℃ 时的选择性（20.3%），从而导致丙酸的选择性（36.3%）比在反应温度为 390℃ 的 58.4% 更低。

运行时间对反应性能的影响如图 5-28 所示，随着运行时间延长乳酸转化率有略微变化 [如图 5-28（a）]。然而，丙酸选择性与运行时间 [如图5-28（b）]展示出了不同于乳酸转化率的结果。例如在反应温度为 360℃ 时，初始运行时间阶

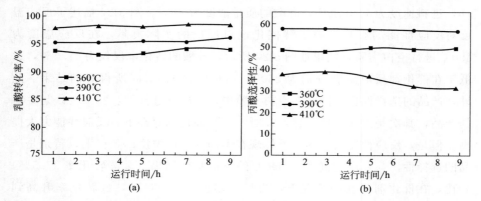

图 5-28 催化剂（Fe₃O₄）在不同温度下的乳酸转化率(a)和丙酸选择性(b)

段的乳酸选择性逐渐提高。随后，它并没有随着反应时间的延长而进一步提高。这个结果表明，在 360℃ 的反应温度下 Fe_2O_3 转化成 Fe_3O_4 相对缓慢，从而使丙酸的选择性有所降低。当温度升高到 410℃ 时，随着反应时间的延长丙酸选择性急剧下降。其主要原因在于催化剂表面结焦/积炭，覆盖了催化剂表面的活性位点。用 TG 热重法对催化剂进行了表征，结果见图 5-29。在温度约

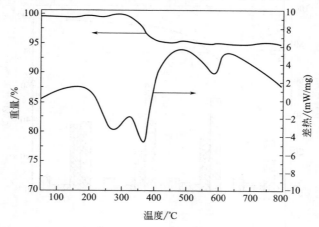

图 5-29 反应温度为 410℃ 反应后的催化剂热重分析图

341℃时有明显失重峰，并伴随着放热现象，这证实了催化剂中有结焦/积炭的形成。值得注意的是，随着反应温度调节至390℃时该催化剂具有良好的催化性能，在反应过程中，乳酸转化率和丙酸选择性基本保持稳定。

在乳酸通过脱氧反应制备丙酸的过程中，氧受体必须在反应体系中存在。结合之前的报道以及观察到催化体系的副反应，氢可以通过乳酸脱羧形成乙醛（主要副产品）反应产生[19,21]。已经清楚，氢可以作为一种优良的氧受体。但必须强调，氢不能直接从乳酸中脱掉氧原子形成丙酸，因为在空白实验中乙醛的选择性高，没有导致丙酸选择性高。那么有可能氢是通过间接的方式从乳酸中得到氧的。显然，催化剂（Fe_3O_4）在乳酸分子脱氧（或氧转移）中扮演了重要的角色。铁元素在Fe_3O_4中被认为含有两种价态即Fe^{2+}和Fe^{3+}。恰好，乳酸通过原位脱羧形成H_2作为还原气氛可以还原Fe^{3+}为Fe^{2+}，Fe^{2+}从乳酸分子中捕捉一个氧原子而形成一个丙酸分子（产品），后被氧化成Fe^{3+}，然后H_2通过从氧化铁中吸取氧原子形成水分子后再一次将Fe^{3+}还原为Fe^{2+}，再一次构成催化循环，如图5-30所示。

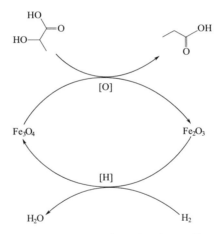

图5-30　乳酸脱氧制备丙酸反应的可能机理

5.2.5　催化剂稳定性测试

催化剂的稳定性测试是非均相催化剂在工业应用中必须考虑的一个重要内容[24,47~49]。当进料速度在一定范围内波动时，能否展示出良好的稳定性对催化剂具有重要的意义。图5-31为乳酸溶液在不同流速下的稳定性。停留时间代表乳酸液空速（液时空速），即停留时间长代表乳酸料流量低，而

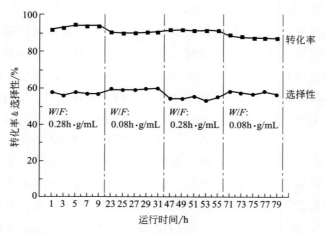

图 5-31　催化剂在不同流速（*W*/*F* 值）变化下的稳定性

反应条件：催化剂，0.38mL，0.45g；催化剂焙烧温度为 550℃；催化剂粒径，20～40 目；
载气流速 1.6mL/min；乳酸进料速率，1.6mL/h；相应的 *W*/*F*＝0.28h·g/mL；载气流速为
5.6mL/min；乳酸进料速率，5.6mL/h，相应的 *W*/*F*＝0.08h·g/mL；乳酸浓度，20％（质量分数）

停留时间短代表乳酸进料流量高。测试了 *W*/*F*（催化剂质量 g；进料速度 mL/h）数值在 0.28h·g/mL 和 0.08h·g/mL 之间变化的稳定性。首先，考察了催化剂在 *W*/*F*＝0.28h·g/mL 条件下的稳定性，乳酸转化率在 92.6％～94.3％以及丙酸选择性保持在 56.3％～57.5％。当连续进料反应时间超过 9h 后，调节 *W*/*F* 值从 0.28h·g/mL 到 0.08h·g/mL 条件下催化剂的稳定性。有趣的是，*W*/*F* 值调节后乳酸转化率略有下降，而丙酸选择性增加。当催化剂运行一段时间（大约 9h），再一次将 *W*/*F* 值从 0.08h·g/mL 切换到 0.28h·g/mL，与 *W*/*F* 值为 0.08h·g/mL 相比，乳酸转化率略有增加但是低于最初值，乳酸选择性也比 *W*/*F* 值为 0.08h·g/mL 低。从这些现象中，发现缩短停留时间有利于提高丙酸的选择性。这些表明，在反应温度为 390℃时生成丙酸的反应速率快于其他副反应。除了轻微的波动性外，该催化剂显示在整个时间（大约 80h 连续进样）的稳定性良好。

本 章 小 结

本章以乳酸脱氧合成丙酸为模型反应，重点探讨铁及其氧化物的催化作用。

第一部分，研究了铁及其氧化物催化剂上乳酸脱氧制备丙酸的反应过程，通过对催化剂进行 BET，XRD，FT-IR，H_2-TPR 和 SEM 等多种表征，结合对脱氧反应实验结果的分析，证实 Fe_3O_4 为催化乳酸脱氧合成丙酸反应的活性物质，并且发现在乳酸水蒸气气氛中，Fe_2O_3 能够快速、高效地原位还原为 Fe_3O_4。丙酸是乳酸脱氧反应的结果，原位氢在脱氧反应中有积极作用，其中原位氢来自于乳酸脱羧或乙醛水化反应。在 390℃，高液空速为 $26.3h^{-1}$ 的反应条件下，进行稳定性实验，在连续运行 100h 内乳酸脱氧反应展示了良好的稳定性。

第二部分，基于铁及其氧化物对催化乳酸脱氧反应的认识，提高氧化铁的比表面积增强催化乳酸脱氧能力。在氧化铁的合成过程中，引入模板剂、沉淀剂及调控 pH 值，提升氧化铁的比表面积。该催化剂表现出优良的催化性能，特别是升高反应温度和缩短停留时间有利于丙酸的生成。在稳定性实验中，有意调节进料量，旨在考察其在复杂环境中的催化稳定性能。实验结果表明，该催化剂对乳酸进料量波动有良好的适应性。

参 考 文 献

[1] Maier E，Kurz K，Jenny M，et al. Food and Chemical Toxicology，2010，48（7）：1950-1956.

[2] Coblentz W K，Bertram M G. J Dairy Sci，2012，95（1）：340-352.

[3] Coblentz W K，Coffey K P，Young A N，et al. J Dairy Sci，2013，96（4）：2521-2535.

[4] Korstanje T J，Kleijn H，Jastrzebski J，et al. Green Chem，2013，15（4）：982-988.

[5] Huang L，Xu Y D. Appl Catal A-Gen，2001，205（1-2）：183-193.

[6] Zapirtan V I，Mojet B L，van Ommen J G，et al. Catal Lett，2005，101（1-2）：43-47.

[7] Hanh Nguyen Thi H，Duc Truong D，Thang Vu D，et al. Catal Commun，2012，25：136-141.

[8] Diao Y，Li J，Wang L，et al. Catal Today，2013，200：54-62.

[9] Navidi N，Thybaut J W，Marin G B. Appl Catal A-Gen，2014，469：357-366.

[10] Liu J，Yan L，Ding Y，et al. Appl Catal A-Gen，2015，492：127-132.

[11] Zoeller J R，Blakely E M，Moncier R M，et al. Catal Today，1997，36（3）：227-241.

[12] Chepaikin E G，Bezruchenko A P，Leshcheva A A. Kinet Catal，1999，40（3）：313-321.

[13] Zhang Q，Wang H，Sun G，et al. Catal Commun，2009，10（14）：1796-1799.

[14] Zhu S F，Yu Y B，Li S，et al. Angew Chem-Int Edit，2012，51（35）：8872-8875.

[15] Li Y，Dong K，Wang Z，et al. Angew Chem-Int Edit，2013，52（26）：6748-6752.

[16] Wang Y，Liu H F，Toshima N. J Phys Chem，1996，100（50）：19533-19537.

[17] Li J，Chen J，Wang Y，et al. Bioresour Technol，2014，169：416-420.

[18] Li J，Yang L，Ding X，et al. RSC Adv，2015，5（96）：79164-79171.

[19] Katryniok B，Paul S，Dumeignil F. Green Chem，2010，12（11）：1910-1913.

[20] Zhang X H，Lin L，Zhang T，et al. Chem Eng J，2016，284：934-941.

[21] Sad M E，Pena L F G，Padro C L，et al. Catal Today，2018，302：203-209.

[22] Tang C M，Zhai Z J，Li X L，et al. J Taiwan Inst Chem Eng，2016，58：97-106.

[23] Tang C M，Peng J S，Li X L，et al. Korean J Chem Eng，2016，33（1）：99-106.

[24] Tang C M，Zhai Z J，Li X L，et al. J Catal，2015，329：206-217.

[25] Zhai Z J，Li X L，Tang C M，et al. Ind Eng Chem Res，2014，53（25）：10318-10327.

[26] Zhang J F，Zhao Y L，Pan M，et al. ACS Catal，2011，1（1）：32-41.

[27] Tang C M，Peng J S，Li X L，et al. RSC Adv，2014，4（55）：28875-28882.

[28] Peng J S，Li X L，Tang C M，et al. Green Chem，2014，16（1）：108-111.

[29] Yan B，Tao L Z，Mahmood A，et al. ACS Catal，2017，7（1）：538-550.

[30] Lyu S，Wang T F. RSC Adv，2017，7（17）：10278-10286.

[31] Nä fe G，López-Martínez M A，Dyballa M，et al. J Catal，2015，329（0）：413-424.

[32] Zhang J F，Zhao Y L，Feng X Z，et al. Catal Sci Technol，2014，4（5）：1376-1385.

[33] Tang C M，Peng J S，Li X L，et al. Green Chem，2015，17（2）：1159-1166.

[34] Seretis A，Tsiakaras P. Renew Energ，2016，85：1116-1126.

[35] Manfro R L，Souza M M V M. Catal Lett，2014，144（5）：867-877.

[36] Tuza P V，Manfro R L，Ribeiro N F P，et al. Renew Energ，2013，50：408-414.

[37] Tungal R，Shende R. Energ Fuel，2013，27（6）：3194-3203.

[38] Manfro R L，Pires T P M D，Ribeiro N F P，et al. Catal Sci Technol，2013，3（5）：1278-1287.

[39] Gutierrez Ortiz F J，Serrera A，Galera S，et al. Energy，2013，56：193-206.

[40] Li X L，Zhai Z J，Tang C M，et al. RSC Adv，2016，6（67）：62252-62262.

[41] Maiti D，Mukhopadhyay S，Mohanta S C，et al. J Alloy Compd，2015，653：187-194.

[42] Maiti D，Manju U，Velaga S，et al. Cryst Growth Des，2013，13（8）：3637-3644.

[43] Wang L，Wu J F，Chen Y Q，et al. Electrochim Acta，2015，186：50-57.

[44] Ma Y，Zhang C，Ji G，et al. J Mater Chem，2012，22（16）：7845-7850.

[45] Tang C M，Peng J S，Fan G C，et al. Catal Commun，2014，43：231-234.

[46] Yan B，Tao L Z，Liang Y，et al. ACS Catal，2014，4（6）：1931-1943.

[47] Behrens M，Studt F，Kasatkin I，et al. Science，2012，336（6083）：893-897.

[48] Wang H J，Yu D H，Sun P，et al. Catal Commun，2008，9（9）：1799-1803.

[49] Sun P，Yu D H，Fu K M，et al. Catal Commun，2009，10（9）：1345-1349.